Bibliografische Information der Deutschen Nationalbibliothek:

Die Deutsche Bibliothek verzeichnet diese Publikation in der Deutschen National-
bibliografie; detaillierte bibliografische Daten sind im Internet über http://dnb.d-
nb.de/ abrufbar.

Impressum:

Copyright © 2009 GRIN Verlag, Open Publishing GmbH
Druck und Bindung: Books on Demand GmbH, Norderstedt Germany
ISBN: 9783640552085

Dieses Buch bei GRIN:

http://www.grin.com/de/e-book/142644/anlagentechnik-im-brandschutz-fuer-bau-
liche-anlagen-besonderer-art-oder

Rainer Jaspers

Anlagentechnik im Brandschutz für bauliche Anlagen besonderer Art oder Nutzung (Sonderbauten)

GRIN Verlag

1   Autom. Löschanlagen (Wasser- und Gaslöschanlagen sowie Sonderlöschanlagen)

Bild 1
Brand in einem Hochregallager
Quelle: Total Walther, Köln

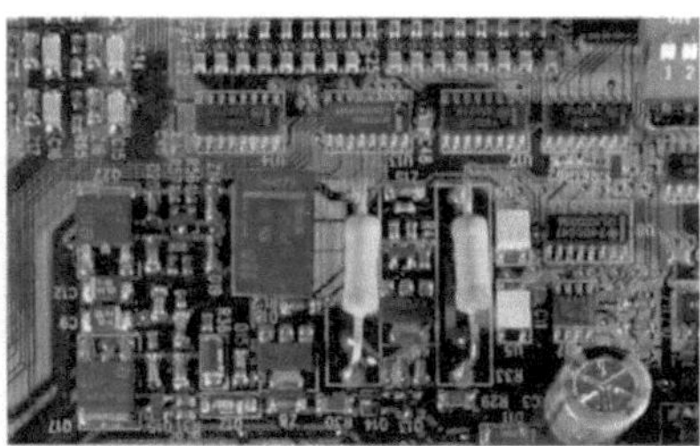

Bild 2: *Moderne Mikrotechnik ermöglicht den multifunktionalen Einsatz.*
Quelle: Total Walther, Köln

Wer kennt sie nicht - die Bilder von Feuer und Brand, die sich den Bürgern fast täglich über das Fernsehen und sonstigen Medien aufdrängen? In Hochhäuser rasende Flugzeuge, die riesige Feuerstürme auslösen, aus Tunnelöffnungen hervorquellende Rauchwolken, irreführende filmische Darstellungen von zerschellenden und in einem Flammenmeer endenden Kraftfahrzeugen: Diese Bilder gehören zum Standardarsenal moderner Massenkommunikation in Nachrichtensendungen und Spielfilmen.

Ingenieure: Auf der Suche nach der Wirklichkeit

Demgegenüber haben Ingenieure die Aufgabe, sich jenseits aller medienwirksam präsentierten - und oft nicht zutreffend dargestellten - Katastrophen mit der Wirklichkeit von Brandunfällen zu beschäftigen, um aus deren Kenntnis Möglichkeiten zur Verhinderung bzw. Begrenzung künftiger Brandereignisse zu erkunden.

Branderkennung und Löschansteuerungen werden durch Mikroprozessoren wirksam koordiniert.

Brandschutz und Sicherheitstechnik sind deshalb in der Industriegesellschaft mit ihren vielfältigen gegenseitigen Abhängigkeiten Themen, mit denen sich der Versorgungs- und Umweltingenieur in der beruflichen Praxis immer wieder auseinanderzusetzen hat. Auf diesem Gebiet werden seit Jahrzehnten durch intensive Forschung und Entwicklung stetige Verbesserungen erzielt.

Voraussetzung für Verbrennungsreaktionen

Wer sich davon überzeugen will, kann dies tun: etwa im Rahmen von Feuerlöschvorführungen, wie sie zum Beispiel von vielen Brandschutz-Unternehmen einem interessierten Fachpublikum aus Ingenieuren, Brandschutzexperten und Feuerwehrleuten vorgeführt werden.

(*Internet-Recherche Total Walther, u.a.*)

<u>**Für Verbrennungsreaktionen müssen drei Voraussetzungen erfüllt sein:**</u>

- Erstens muss ein brennbarer Stoff in fester, flüssiger oder gasförmiger Phase vorhanden sein.

- Zweitens ist Sauerstoff bzw. Luft in einem geeigneten Mischungsverhältnis mit dem brennbaren Stoff notwendig.

- Drittens bedarf es einer Zündquelle mit entsprechender Zündenergie.

Oft genügen zur Einleitung von Bränden bereits Funken oder elektrische Entladungen; daneben können auch strahlende Oberflächen mit höherer Temperatur eine auslösende Wirkung haben. Dabei kommt es auch auf weitere Bedingungen an: etwa auf die Größe der spezifischen Oberfläche des brennbaren Stoffes - denn pulverförmig vorliegende Feststoffe reagieren schneller und heftiger als körnige oder stückige Feststoffe.

Um entstehende Brände rechtzeitig erkennen und bekämpfen zu können, müssen Rauch- und Brandmeldesysteme vorhanden sein. Lichtruf- und Kommunikationssysteme runden ein umfassendes Sicherheitskonzept ab.

Bild 3: *Brandschutz anschaulich gemacht: Feuerlöschvorführung in Köln. Quelle: Total Walther, Köln*

Welche Effekte werden beim Löschen genutzt?

Beim Löschen von Bränden macht man sich einen oder mehrere der folgenden Effekte zunutze:

- <u>Löschen durch Abkühlen</u>: Die für den Fortbestand des Brandes notwendige Wärmezufuhr wird hierbei unterbunden. Das am häufigsten hierzu eingesetzte Löschmittel ist Wasser, das dabei teilweise verdampft.
Wasser kann zur besseren Benetzung von Oberflächen mit Netzmitteln versetzt sowie zur Gefrierpunktserniedrigung mit anderen Stoffen vermischt werden.

- <u>Löschen durch Ersticken</u>: Dabei wird das für die Verbrennungsreaktion erforderliche Mischungsverhältnis zwischen dem Brandstoff und dem Sauerstoff - etwa durch Verdünnung eines Reaktionspartners bis zur völligen Trennung der Reaktionspartner - so gestört, dass der Brand zum Erliegen kommt. Löschmittel hierfür sind z.B. Kohlendioxid (CO_2) oder spezielle Gasgemische - etwa Energen, das aus 52 Volumen-% Stickstoff (N_2), 40 % Argon (Ar) und 8 % Kohlendioxid (CO_2) besteht.

- <u>Löschung durch Inhibition (Antikatalyse)</u>: Dabei ist die Zahl der Abbrüche der Kettenreaktionen, auf denen der Verbrennungsablauf beruht, je Zeiteinheit so stark erhöht, dass sich die Verbrennungsreaktion nicht mehr fortsetzen kann. Die Löschmittel hierbei sind Pulver (anorganische Salze wie z.B. Ammonphosphat oder Natriumhydrogencarbonat).

(Internet-Recherche Total Walther, u.a.)

Früher wurden auch Halone (Fluor, Chlor bzw. Brom enthaltende Kohlenwasserstoffe) eingesetzt; sie werden jedoch aus Umweltgründen nicht mehr verwendet.

Bild 4: *Komplexe Gebäudestrukturen können durch Sprinkleranlagen wirksam geschützt werden.*
Quelle: Total Walther, Köln

Branderkennung und Löschsteuerung

Brände entstehen oft unscheinbar; sie breiten sich häufig nur deshalb aus, weil sie nicht rechtzeitig bemerkt werden. Brände können schwerwiegende Schäden bei Menschen (vor allem Erstickung oder Rauchvergiftungen), an der Umwelt, an Kulturgütern und an Sachwerten verursachen. Darüber hinaus muss mit weiteren Folgekosten gerechnet werden - durch Datenverluste, Produktionsausfall und Verluste von Marktanteilen.

Dienstleistungsunternehmen und Verwaltungseinrichtungen, Industrieunternehmen und Gewerbebetriebe müssen sich deshalb wirksam vor Bränden und deren Folgen schützen.

Brände müssen - wenn immer möglich - vermieden werden. Sind Brände entstanden, geht es um eine rasche Erkennung und die Aktivierung von wirksamen Gegenmaßnahmen. Hierzu dienen moderne Branderkennungs- und Löschsteuerungssysteme. Solche Systeme werden heute als modular aufgebaute Systeme angeboten, wobei die verwendete Mikroelektronik einen multifunktionalen Einsatz ermöglicht.

(*Internet-Recherche Total Walther, u.a.*)

Analog arbeitende Meldesensoren – in der Regel Rauchmelder, Wärmemelder, Multifunktionsmelder oder Strahlungsmelder zur Branderkennung - arbeiten auf die Meldungseingänge; diese sind mit den Steuerausgängen durch Mikroprozessoren koordiniert. Die Steuerausgänge können z.B. mehrere Bereiche einer komplexen Löschanlage ansteuern. Damit kann der Brandherd im Ernstfall sofort erkannt, der Löschvorgang schnell ausgelöst und der Brand anschließend effizient bekämpft werden.

Sprinkleranlagen

Eine Sprinkleranlage wird wie folgt definiert: Löschanlage, bestehend aus einem fest installierten Rohrsystem mit gleichmäßig über die ganze Fläche des Raumes verteilten Düsen, die bei Wärmeeinwirkung öffnen und Wasser über die Fläche verteilen.

Es öffnen nur die Düsen im Bereich der Wärmeeinwirkung, nicht auf der gesamten Fläche. Gleichzeitig erfolgt auch die Alarmierung der Feuerwehr.

(*Internet-Recherche Total Walther, u.a.*)

Historische Entwicklung von Sprinkleranlagen

Vorgänger der heutigen Sprinkleranlagen waren fest installierte, perforierte Rohre und später Rohrleitungen mit offenen Düsen, wie wir diese heute noch bei Sprühflutanlagen kennen. Es ist bekannt, daß 1861 bereits ein geschlossener Sprinklerkopf patentiert wurde.

In den USA wurde 1874 ein unter Federspannung geschlossener Sprinkler mit Schmelzglied von einem Klavierfabrikanten namens Henry Parmelee zum Patent angemeldet. Eine verbesserte Version ließ Parmalee dann in seinem eigenen Werk einbauen. Dies war die erste automatische Sprinkleranlage der Welt.

Größere Anlagen wurden dann in New England gebaut. Damals kann es in amerikanischen Textilbetrieben, in denen Baumwolle von den Plantagen der Südstaaten verarbeitet wurde, immer wieder zu verheerenden Brandkatastrophen. Das leicht brennbare Material in den Fabrikations- und Lagerhallen bot beste Bedingungen für eine schlagartige Ausbreitung von Bränden. In solchen Fällen gab es für die Feuerwehr keine Chance, in dem Inferno das Wasser an den Brandherd zu bringen. Die Folge war eine totale Zerstörung, mit der oft der Ruin des Bauherrn oder Betreibers der baulichen Anlage einherging.

Ortsfest verlegte Wasserrohre waren der erste Vorläufer der heutigen Löschanlagen. Die Rohre reichten bis ins Innere der Gebäude hinein, ihre Absperrventile befanden sich außerhalb und mussten von Hand geöffnet werden. Dies hatte in den meisten Fällen zur Folge, dass von der Entdeckung eines Brandes bis zum Zeitpunkt, bei dem das Ventil betätigt wurde, zuviel Zeit verging. Ein weiterer Nachteil der ersten Installationen war das buchstäbliche Gießkannenprinzip: Über dem Brand wurde zuwenig und in den übrigen Bereichen unnötig viel Wasser freigesetzt.

(*Privatarchiv VIKING USA.*)

Die Lösung des Problems war eine vom Feuer selbst gesteuerte Sprühwasserdüse, ohne dass gleichzeitig in brandfreien Bereichen Wasser freigesetzt wurde. Ihr englischer und deutscher Name "Sprinkler" stand und steht auch heute für eine Funktionseinheit, bestehend aus Düse, Verschluss und wärmeabhängigen Auslöseelement.

Um 1855 kamen dann die ersten Sprinkler nach Deutschland.

Etwa seit der Jahrhundertwende gibt es den Glasfaßsprinkler und seit 1952 den Spraysprinkler (heute als Schirmsprinkler bezeichnet), dessen Merkmal der Sprühteller ist, wodurch eine optimale Wasserverteilung erfolgt.

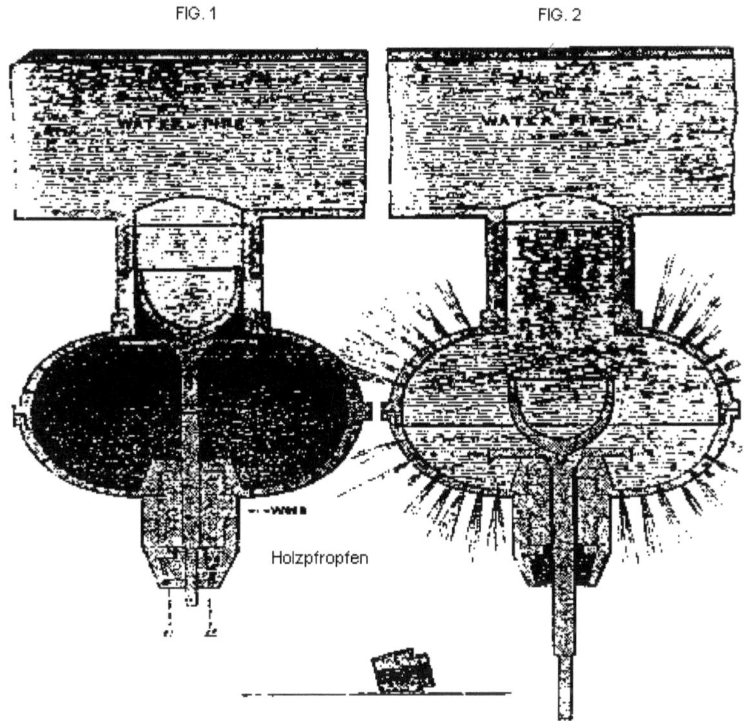

Bild 5: *Historische Sprinkler*
Quelle: Privatarchiv VIKING USA

Löscherfolge und Wasserschäden

Bei jedem Feuer entstehen außer Brandschäden logischerweise auch Wasserschäden. Gerade Sprinkleranlagen haben aber den großen Vorteil, daß durch den gezielten Löscheinsatz mit einem Minimum von Wasserschäden die Brände gelöscht werden können. Aus Aufzeichnungen des Verbandes der Sachversicherer läßt sich dies belegen.

Wie bereits genannt, betrug die Versagensquote < 2 % aller von den Versicherern erfassten Brände.

<u>**Als Gründe für das Versagen stehen im Vordergrund:**</u>

➔   *Teilschutzanlagen:* Das Feuer bricht im nicht mit Sprinkleranlagen versehenen Bauteil aus und greift in voller Breite auf den gesprinklerten Teil über. Bei vorschriftsmäßiger Trennung von gesprinklerten zu nicht gesprinklerten Risiken ist dies nicht möglich.

➔   *Risikoüberschreitung:* Die Anlagen wurden an ein inzwischen geändertes, höheres Risiko nicht angepaßt. Durch Nachrüstung der Löschanlage ist dies zu verhindern.

➔   *Sabotage:* Brandstiftung in Verbindung mit Sabotage an der Anlage, z. B. Schieber schließen oder Pumpe abstellen.

➔   *Schwere Mängel an der Anlage:* nicht gewartete, funktionsuntüchtige Anlage. Dies ist ein Verschulden des Betreibers.

(*Internet-Recherche Total Walther, u.a.*)

Sprinkler

Ein Sprinkler ist das wichtigste Bauteil von Sprinkleranlagen und bezeichnet die Wasserverteilungsdüse, die im Ruhezustand verschlossen ist und sich unter Wärmeeinwirkung öffnet.

Es gibt eine sehr große Anzahl verschiedener Sprinklertypen.

<u>**Die Hauptunterscheidungsmerkmale sind:**</u>

➔   *Art der Auflösung,*

➔   *Öffnungstemperatur,*

➔   *Wasserverteilung,*

➔   *Wasserleistung,*

➔   *Ansprechverhalten,*

➔   *Material,*

➔   *Oberflächenbehandlung.*

<u>**Art der Auslösung und Öffnungstemperaturen**</u>

Grundsätzlich wird unterschieden zwischen den Auslösungen mit Glasfaß und Schmelzlot; beide Typen sind auf dem Markt.

Am bekanntesten ist der Glasfaßsprinkler, der z. B. wegen seiner optisch ansprechenden Form in Büros und Kaufhäusern eingesetzt wird.

Die Auslösungstemperatur der Sprinkler soll ca. 30 °C über der Raumtemperatur liegen.

Wasserverteilung

Unterschieden wird nach dem Sprühbild:

→　　Schirmsprinkler

→　　Flachschirmsprinkler

→　　Seitenwandsprinkler

→　　Weitwurf-Wandsprinkler

→　　Konventional

→　　Großtropfensprinkler (ESFR oder High Challenge)

Der Sprühteller ist somit ein entscheidendes Teil am Sprinkler. Es sind viele Versuche nötig, um die richtige Form zu finden, die der dem Sprinkler zugeordneten Schutzfläche entspricht und diese gleichmäßig mit Wasser versorgt.

Außerdem ist die Tröpfchengröße entscheidend für die Löschwirkung. Gewünscht wird eine Wasserverteilung mit möglichst großer Wasseroberfläche und damit einem großem Kühleffekt.

Andererseits darf die Zerstäubung nicht zu groß sein, damit die bei einem Brand dem Löschwasser entgegenwirkende Thermik die Wassertropfen mit in die Höhe reißt und diese nicht den Brandherd erreicht.

Für besonders hohe Lager und spezielle Anwendungsfälle wurde deshalb in USA ein sogenannter Großtropfensprinkler (ESFR- und High-Challenge-Sprinkler) entwickelt.

Wasserleistung

Wegen der unterschiedlichen Risiken werden Sprinkler mit verschiedenen Wasserleistungen benötigt.

Die Wasserleistung wird nach der Formel $Q = K \cdot \sqrt{p}$ ermittelt.

Q = Wassermenge in l/min

K = feststehender Ausflußfaktor des Sprinklers bei einem Druck von 1 bar Düsenkennwert

P = Druck am Sprinkler in bar

Folgende K-Faktoren sind zugelassen:

K-Zahl bei	Anschlussgewinde		Mindestwassermenge 0,5 bar in l/min.
57	3/8 "	Regale	40,0
80	1/2 "	am gebräuchligsten	57,0
115	3/4 "		81,3
160-202	3/4 "	Großtropfensprinkler 3,1 bar	281,7 – 355,7

Tabelle 1: K-Faktoren

(*Internet-Recherche Total Walther, u.a.*)

<u>Beispiel</u>:

1 Sprinkler 1/2 " mit K = 80 leistet bei 1 bar 80 l/min, der gleiche Sprinkler leistet bei 2 bar
Q = 80 $\sqrt{2}$ = 113 l/min

Der Mindestdruck ist 0,5 bar, der maximal zulässige Druck 5,0 bar.

<u>Abbildung: Druck-Volumen-Diagramm</u>

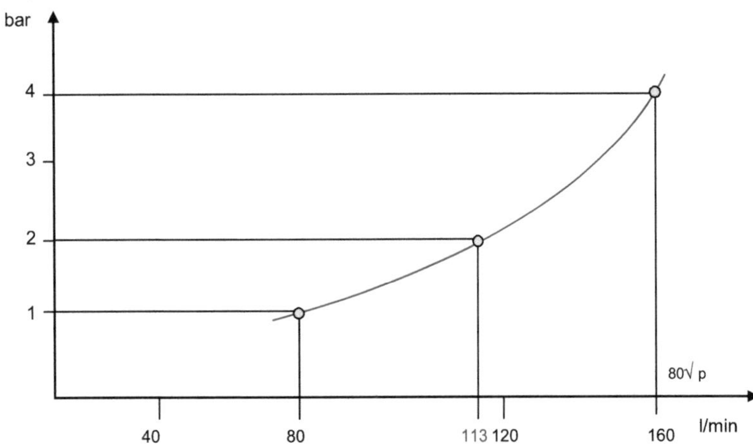

Bild 6: *Leistungskurve eines Sprinklers*

Quelle: VdS Köln

Sprinkler-Übersicht

<u>Spirnkler werden unterschieden nach</u>:

Auslöseglied	
Glasfasssprinkler	heute gebräuchligster Typ
Schmelzlotsprinkler	
Wasserverteilung	
Schirmsprinkler	Der Sprühteller ist so konstruiert, dass das gesamte Wasser zum Boden gerichtet verteilt wird. <u>Es gibt 2 Unterarten</u>: a) stehende Ausführung b) hängende Ausführung
Flachschirmsprinkler	stehend und hängend Die Sprühkurve ist flacher als beim Schirmsprinkler
Seitenwandsprinkler	Stehend und hängend. Das Sprühbild ist nur einseitig zum Boden gerichtet.
Hängender Trockensprinkler	werden nur eingesetzt, wenn Sprinkler hängend im Trockensystem eingebaut werden.
Conventional Sprinkler	Das Wasser wird teils an die Decken, teil zum Boden hin verteilt.
ESFR-Sprinkler	Hängender Großtropfensprinkler
High-Challenge-Sprinkler	Stehender Großtropfensprinkler (bisher ohne VdS-Zulassung)

Öffnungstemperatur							
bei Glasfasssprinklern	57°C orange	68°C rot	79°C gelb	93°C grün	141°C blau	182°C hellviolett	204/60°C schwarz
bei Schmelzlotsprinklern	68-74°C ohne		93-104°C weiß	138-141°C blau		182°C gelb	227°C rot
	Die Auslösetemperatur muss 30°C über der maximalen Raumtemperatur liegen!						
Wasserleistung							
3/8 " K = 57	nur bei leichtem Risiko und als Regalsprinkler Q = max. 70l/min.						
1/2 " K = 115	K 80 bedeutet: Wasserleistung 80 l/min bei 1 bar Fließdruck						
3/4 " K = 115	Q errechnet sich: Q = √ p (bar)						
3/4 " = 160-202 ESFR und High Challenge	Hohe Lagerrisiken, Druck 3,1 – 5,1 bar						

Tabelle 2 – Sprinklerübersicht
Quelle: VdS Köln

Ansprechverhalten (Auslöse-Empfindlichkeit)

Der RTI-Wert (Rate of time index) hat die Dimension m × s. Der Wert bezeichnet die Empfindlichkeit und Geschwindigkeit, in welcher der jeweilige Sprinkler öffnet.

Maßgebend ist das Auslöseglied des Sprinklers (Glasfass oder Schmelzlot).

Vergleicht man z. B. das Glasfass eines herkömmlichen Standardsprinklers mit dem eines schnellansprechenden Sprinklers, so stellt man einen wesentlichen Unterschied in der Größe, d. h. Durchmesser fest. Es wird verständlich, daß bei gleicher Wärmezufuhr das kleinere Glasfaß mit dem niedrigen RTI-Wert schneller platzt als das des Standardsprinklers (Abbildung: Ansprechverhalten von Sprinklern).

Es wird nach drei Empfindlichkeitsstufen unterschieden:

Bezeichnung	**RTI-Wert**	**Anwendung**
Standard	> 80 - 200	nicht als Zwischenebenen-Sprinkler und > 0,5 m-Hohlraum-Sprinkler zulässig
Spezial	50 - 80	nicht < 0,5 m Hohlraum-Sprinkler zulässig
schnell	< 50	nicht in Trocken-Sprinkleranlagen und Läger für endzündbare Flüssigkeiten zulässig

Tabelle 3 – Empfindlichkeitsstufen
Quelle: VdS Köln

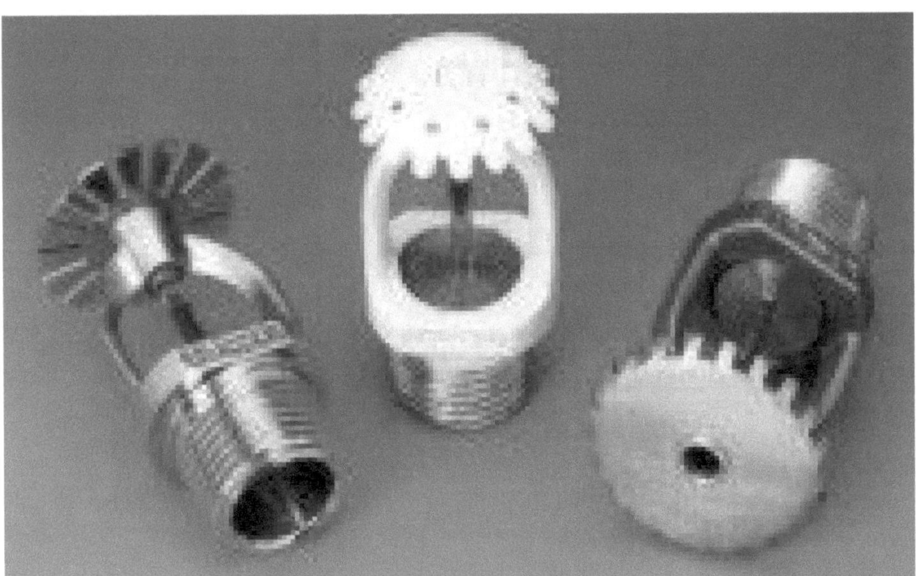

Bild 7: *Beispiele Sprinklerköpfe*
Quelle: Total Walther, u.a.

Allgemeines zu Wasserlöschanlagen

Wasser als Löschmittel hat auch heute noch eine herausragende Bedeutung, da es preiswert, leicht verfügbar und mit den meisten Stoffen verträglich ist. Seit Mitte des 19. Jahrhunderts wird es - als Alternative zum baulichen Brandschutz - in Sprinkleranlagen eingesetzt: Damit ist eine großzügige architektonische Gestaltung.

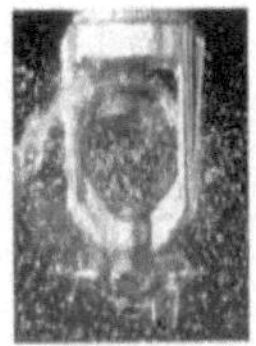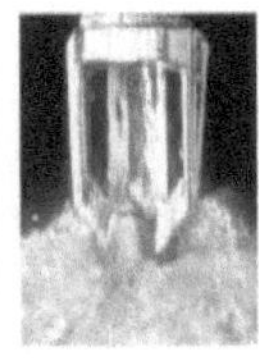

Sprinkleranlagen haben eine selektive Auslösung: Sie kontrollieren einen Brand nur dort, wo es erforderlich ist. Sprinkler - häufig an Decken oder Wänden angeordnet - sind Sprühdüsen, die durch ein Glasfässchen abgedichtet sind.

Bild 8: Reaktion einer Sprinkleranlage
Quelle: Total Walther, u.a.

Erreicht im Brandfall die im Glasfässchen enthaltene Flüssigkeit die Auslösetemperatur, zerplatzt das Fässchen, wonach durch den Druck des Wassernetzes im Sprinkler ein Verschlusselement herausgedrückt wird, so dass das Wasser ausströmen und - durch den Sprühteller des Sprinklers verteilt - als Wasserregen auf den Brand strömen kann.

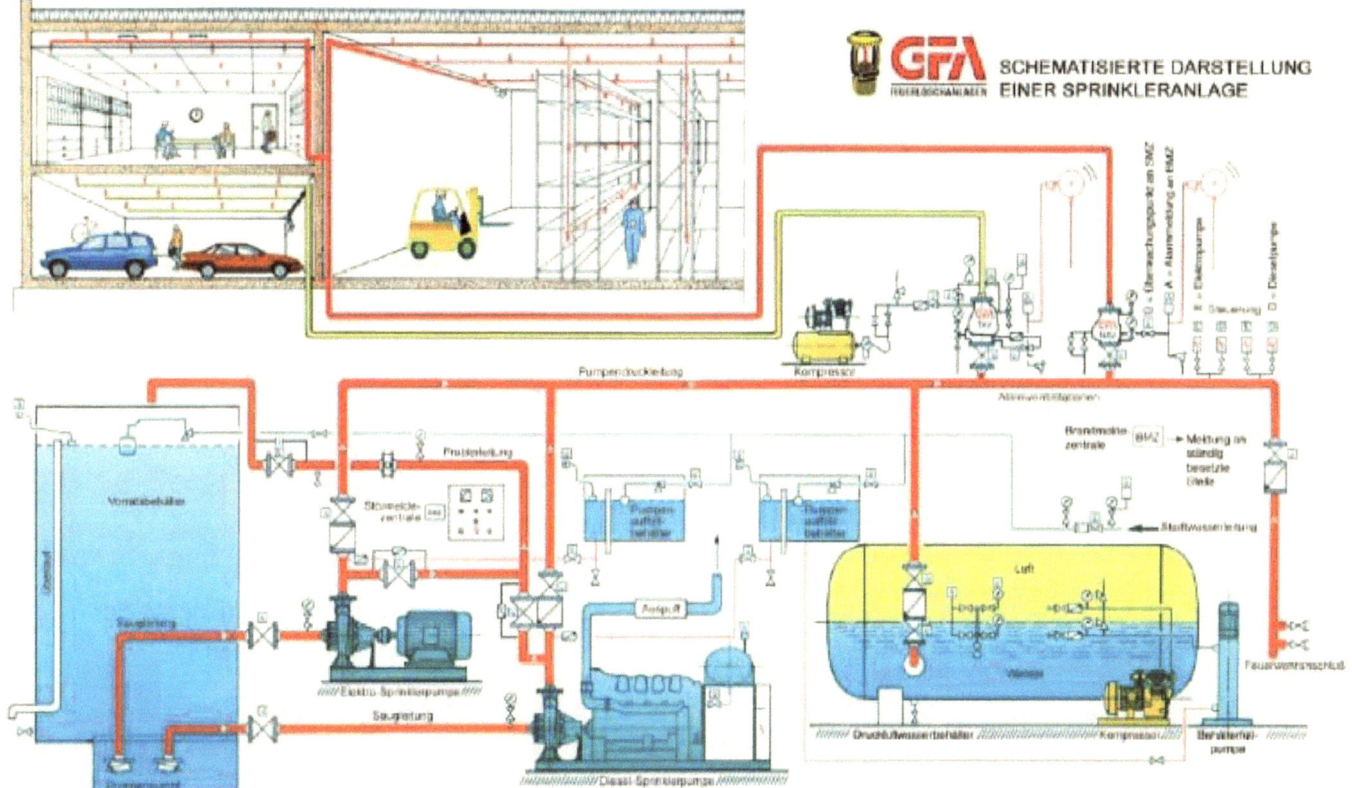

Bild 9: *Schema einer Sprinkleranlage*
Quelle: Total Walther, u.a.

Damit wird eine schnelle Wasserverdampfung erreicht, und der Flammenreaktionszone bzw. den heißen Brandgasen wird Wärme entzogen. Außerdem werden Teile des Sauerstoffs am Brandherd verdrängt und damit eine Inertisierungswirkung erzielt.

In frostsicheren Räumen werden Sprinkleranlagen als Nassanlagen ausgeführt: Das Rohrnetz ist bis hin zu den Glasfässchen-Sprinklern mit Wasser gefüllt.

Demgegenüber werden in frostgefährdeten Räumen Trockensysteme eingesetzt: Im Brandfall öffnen die betroffenen Sprinkler, und durch ein Signal wird ein - im frostsicheren Gebäudebereich angeordnetes - Alarmventil geöffnet, so dass über einen Beipass das erforderliche Löschwasser fließen kann.

Arten von Sprinkleranlagen:

Um für die verschiedenen betrieblichen Gegebenheiten bedarfsgerecht einen wirksamen Schutz bieten, sind die verschiedene Arten von Sprinkleranlagen auf dem Markt verfügbar.

Nassanlage

Bei Öffnen des ersten Sprinklers einer Nassanlage, bei der das gesamte Rohrleitungsnetz mit Wasser gefüllt ist, wird Alarm ausgelöst und es strömt Löschwasser durch die Nassalarmventilstation. Nassanlagen sind allerdings nur dort geeignet, wo keine Frost- oder Überhitzungsgefahr des Löschwassers im Leitungsnetz besteht.

Trockenanlage

Hier ist das Sprinklerrohrnetz mit Druckluft gefüllt, sodass sich Wasser nur bis zum Trockenalarmventil befindet. Nach Öffnen eines Sprinklers entweicht die Druckluft, sodass das Alarmventil den Weg für das Löschwasser zu den Sprinklerdüsen freigibt. Für die Brandgefahrenklasse HHP oder HHS ist zwingend notwendig, dass ein Schnellöffner oder Schnellentlüfter eingebaut ist. Bei Anlagen mit Schnellöffner darf das max. Volumen des Rohrnetzes pro Gruppe max. 4 m³ betragen.

Tandemanlage

Dies sind Nassanlagen, die für frostgefährdete oder hochtemperierte Bereiche (Anlagen mit Heißlufttrocknern etc.) geeignet sind. Hierbei sind durch den Einsatz von Trockenalarmventilen druckluftgefüllte Rohrleitungen nachgeschaltet. Durch Einsatz von Frostschutzmitteln oder elektrische Begleitheizungen können frostgefährdete Bereiche geschützt werden.

Vorgesteuerte Anlagen – Typ A

Hierbei handelt es sich grundsätzlich um Trockenanlagen. Die Alarmventilstation wird jedoch über eine autom. Brandmeldeanlage ausgelöst. Diese Art von Anlagen wird dort vorgesehen, wo durch ein Auslösen der Anlage durch Fehlalarm erhebliche Schäden durch Löschwasser entstehen können.

Vorgesteuerte Anlagen – Typ B

Hierbei handelt es sich ebenfalls grundsätzlich um eine Trockenanlage, bei der die Auslösung der Alarmventilstation entweder über das Öffnen der Sprinkler <u>oder</u> durch eine autom. Brandmeldeanlage ausgelöst wird. Durch einen Druckabfall in den Leitungen öffnet – unabhängig vom Ansprechen der Brandmeldeanlage – das Alarmventil.

Diese Art von Anlagen wird z. B. in Hochregallagern eingesetzt, also dort, wo eine Trockenanlage erforderlich und eine schnelle Brandausbreitung zu erwarten ist.

<u>**Europäische Gesetzgebung zum Schutz mit Sprinkleranlagen**</u>

Gesetzgebung zu Sprinklern - Hotels

Deutschland	> 22 m MHHR *
Großbritannien	> 30 m *
Luxemburg	> 800 m² Brandabschnitt
Norwegen	> 800 m² Brandabschnitt
Österreich	> 22 m + EI90 → EI 30 für nichttragende Außenwände; * > 32 m *
Spanien	> 28 m *
Ungarn	> 13,65 m *

Israel	alle Hotels
USA	> 3 Geschosse
Singapur, Hong-kong	> 4 Geschosse
Indien, Philippi-nen	> 15 m *
Australien	> 25 m *

- *= Höhe über ± 0,0 m letzter Aufenthaltsraum

Tabelle 4 - Europäische Gesetzgebung zum Schutz mit Sprinkleranlagen - Hotels
Quelle: Internetrecherche sowie Berufsfeuerwehr Budapest

Gesetzgebung zu Sprinklern - Pflegeheime

Deutschland	derzeit nicht gefordert
Dänemark	> 1.000 m² oder > 600 m² Brandabschnitt
Finnland	nach Risikobewertung; auch Nachrüstung
Großbritannien	England > 1 Bett pro Zimmer
Schottland	> 6 Bewohner
Luxemburg	Wenn Wohnraum auf Gängen gegeben ist
Norwegen	nach Risikobewertung; auch Nachrüstung
Ungarn	> 3 Geschosse
USA	> 3 Patienten

Tabelle 5 - Europäische Gesetzgebung zum Schutz mit Sprinkleranlagen - Pflegeheime
Quelle: Internetrecherche sowie Berufsfeuerwehr Budapest

Gesetzgebung zu Sprinklern - Wohnungen

Deutschland	derzeit nicht gefordert
Großbritannien	England > 30 m *
Schottland	> 18 m *
Luxemburg	Jugendheime > 3 Geschosse mit Müll innen gelagert
Norwegen	> 800 m² mehrgeschossiger Brandabschnitt
Österreich	> 22 m + EI90 → EI 30 für nichttragende Außenwände; * > 32 m *
USA	Wohngebäude mit > 2 Wohnungen, teilweise auch Häuser

* = Höhe über ± 0,0 m letzter Aufenthaltsraum

Tabelle 6 - - Europäische Gesetzgebung zum Schutz mit Sprinkleranlagen - Wohnungen
Quelle: Internetrecherche sowie Berufsfeuerwehr Budapest

Anreize, um Sprinkleranlagen in Wohnungen zu installieren

Niederlande	• anstelle einer neuen Feuerwache in neuen Wohnbereichen
Großbritannien	• anstelle eines zweiten Treppenraums in Häusern mit mehr als drei Geschossen • Kosten in Mehrfamilienhäusern werden durch einige Gemeinden voll oder teilweise übernommen • Wo es eine erhöhte Gefahr gibt, werden die Kosten durch die Feuerwehr übernommen • Sprinkleranlage wird mit der Hauswasserinstallation in einem Haus kombiniert • Nur für Häuser mit zwei Geschossen

Tabelle7 - - Anreize für Sprinkler in Wohnungen
Quelle: Internetrecherche sowie Berufsfeuerwehr Budapest

Wie groß ist der Markt für Wohnraumsprinkler?

Norwegen	47.815 Wohnsprinkler in 2006
Niederlande	10.000
Schweden	10.000
Großbritannien	100.000
USA	12.000.000
10 – 15 Sprinklerköpfe pro Wohnung	

Tabelle 8 – Wohnraumsprinkler
Quelle: Internetrecherche sowie Berufsfeuerwehr Budapest

Richtlinien für Sprinkleranlagen in Wohnungen

Deutschland	CEA 4001 Annex O
Frankreich	CNPP Dokument
Niederlande	Memo 59
Schweden	Richtlinien von SP
Großbritannien	Brandschutz 9251
USA	NFPA 13R und NFPA 13D

Tabelle 9 – Richtlinien für Sprinkler in Wohnungen
Quelle: Internetrecherche sowie Berufsfeuerwehr Budapest

Sprühwasser-Löschanlagen

Während mit Sprinkleranlagen bei Bedarf Löschwasser selektiv freigesetzt wird, können mit Sprühwasseranlagen bzw. Sprühflutanlagen größere technische Objekte - etwa in der Chemie-Industrie und in der Energieversorgung - flächendeckend benetzt und somit geschützt werden. Hierzu wird die technische Anlage mit einem Sprühkäfig umgeben; damit lässt sich die gesamte, durch die Brandwärme aufgeheizte Anlage kühlen.

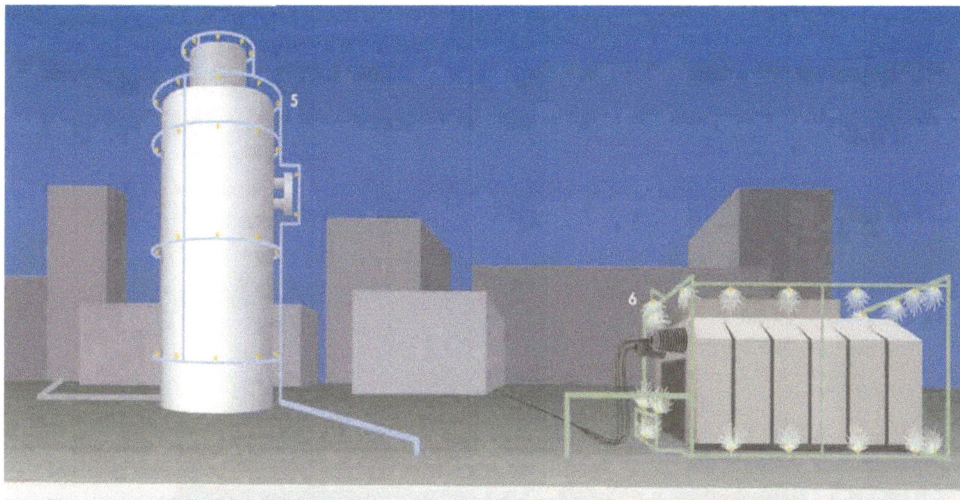

Bild 10: Schematischer Aufbau einer Sprühwasser-Löschanlage
Quelle: Total Walther, u.a.

Gegenüber Sprinkleranlagen wird dabei mit Sprühflutdüsen gearbeitet; die im Prinzip Sprinkler ohne Glasfässchen sind. Teilweise wird mit einem leicht erhöhten Wasser-Überdruck gearbeitet.

Löschen mit Feinsprühsystemen und Wassernebeln

Abnahme-Sprühversuch in einem Chemiewerk: Hier wurde ein Misch- und Pumpstation mit einer Sprühwasser-Löschanlage geschützt.

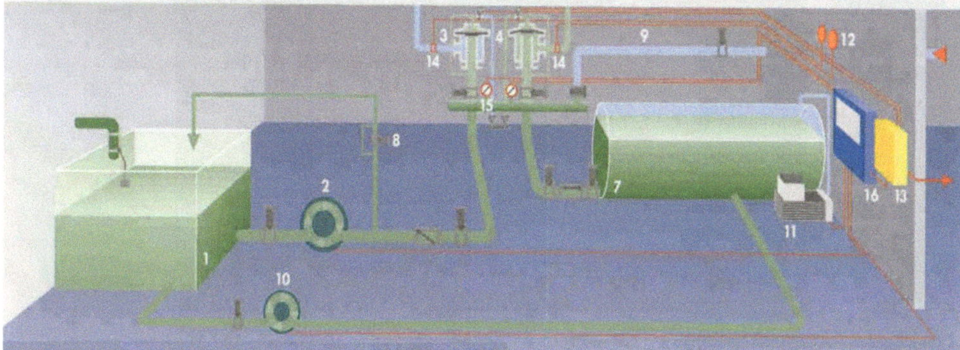

Bild 11: Schutz einer Misch- und Pumpstation in der chemischen Industrie mit einer Sprühwasser-Löschanlage
Quelle: Total Walther, u.a

Wassernebel-Feinsprühsysteme weisen einen Wasser-Überdruck von 5 bar auf; damit können kleinere Tropfendurchmesser und damit ein feines "Sprühbild" erzeugt werden. Die Folge: Mit weniger Wasser ist eine gute Löschwirkung möglich. Daneben können Rauch- und Brandgase im Wassernebel gelöst werden; damit wird das Gefahrenpotential von Rauch u. U. geringer.

Auch beim Einsatz löschwirksamer Wasserzusätze sind Wassernebel für Personen nicht gefährdend.

Feinsprühsysteme lassen sich systemkonform an bestehende Sprinkler- und Sprühflutanlagen anschließen. Ihr Anwendungsbereich sind z.B. Kabelkanäle und -trassen, Transformatoren, Turbinenbereiche und als Objektschutz in der Spanplatten- und Schaumstoffindustrie.

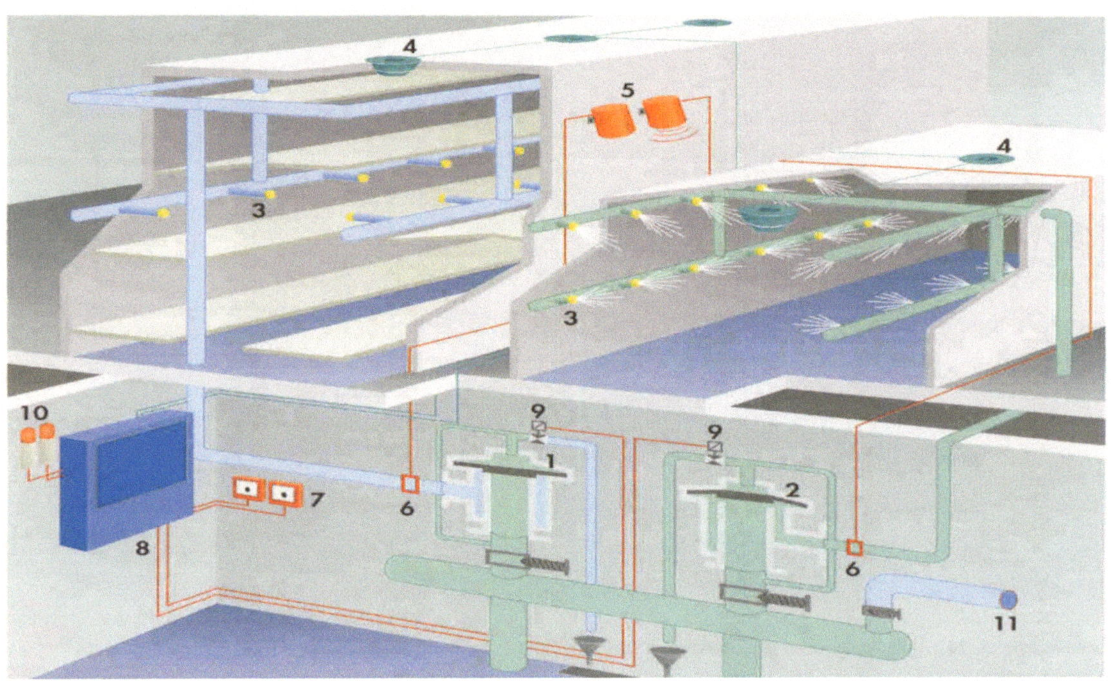

Bild 12 - *Schema einer Micro-Drop®-Löschanlage mit zwei Löschsektionen*
Quelle: Total Walther, MINIMAX u.a

1.	*geschlossenes Löschsektionsventil*	*2.*	*geöffnetes Löschsektionsventil*
3.	*MicroDrop®-Düsen (Minimax)*	*4.*	*Brandmelder*
5.	*akustische Alarmgeber*	*6.*	*Alarmdruckschalter*
7.	*Handauslösungen der Löschsektionsventile*	*8.*	*Brandmelde- und Löschsteuerzentrale*
9.	*Magnetventile zum Öffnen und Schließen der Löschsektionsventile*		
10.	*Blitzleuchte*	*11.*	*Feuerwehreinspeisung*

Wassernebel-Feinsprüh-Löschanlage

Noch feinere Wassertröpfchen lassen sich mit Niederdruck- sowie mit Hochdruck-Wassernebeln erzielen. Dabei wird der erforderliche Wasser-Überdruck von 50 bar bzw. von 200 bar mit Hilfe von Pumpen oder von Druckflaschen aufgebaut. Das Wasser wird über spezielle Mikrodüsen fein zerstäubt; diese können als offene oder als Glasfässchen-Düsen konstruiert sein.

Die Löschwirkung wird damit weiter verbessert: Es wird an der Brandstelle ein hoher Kühleffekt, ein beachtlicher Inertisierungseffekt, ein Trenneffekt sowie eine Verdünnungswirkung für Sauerstoff, Rauch- und Brandgase erreicht; daneben werden auch antikatalytische Wirkungen erzielt. Mit Hochdruck-Wassernebeln kann in kurzer Zeit - zum Teil bereits nach etwa 10 Sekunden - eine Löschwirkung erreicht werden.

Schaumlöschanlagen

In Raffinerien und chemischen Betrieben, in Kraftstoff-, Treibstoff- und Gefahrstofflagern, auf Tankschiffen und in Flugzeughangars hat sich der Brandschutz mit Hilfe von Schaumlöschsystemen bewährt. Löschschaum besteht aus drei Komponenten: Wasser, Schaummittel und Luft. Durch Mischung von Wasser und 3 bis 6 % Schaummittel entsteht zunächst eine flüssige Schaumlösung.

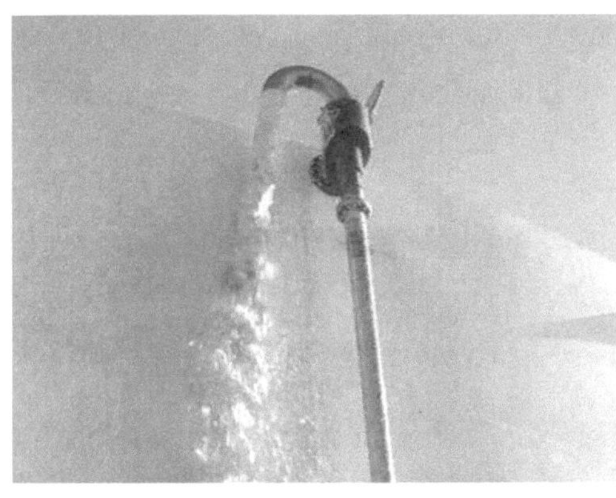

Im Brandfall wird daraus mit Hilfe von Luft eine Vielzahl löschtüchtiger Schaumblasen erzeugt. Im Vergleich zur Flüssigphase nehmen Schwerschäume ein 1- bis 20faches Volumen, Mittelschäume ein 20- bis 200faches Volumen und Leichtschäume ein 200 bis 1000faches Volumen ein; dem entstrechend ergibt sich der jeweilige Wert der Verschäumungszahl.

Schäume sind leichter als Öl, Benzin oder Wasser und können deshalb auf flüssigen Oberflächen schwimmen.

Bild 13: Probeschäumung an einem Flüssigkeitslagertank
Quelle: Total Walther, u.a

Sie sind temperaturbeständig und legen sich damit über brennbare Flüssigkeiten; dabei werden Flammen von der Sauerstoffzufuhr abgetrennt und die Entwicklung giftiger Brandgase unterdrückt; die Entstehung brennbarer und entzündlicher Gase wird erschwert. Durch seine niedrige Oberflächenspannung kann Löschschaum zudem in die Oberflächen von Feststoffen eindringen und Brände begrenzen.

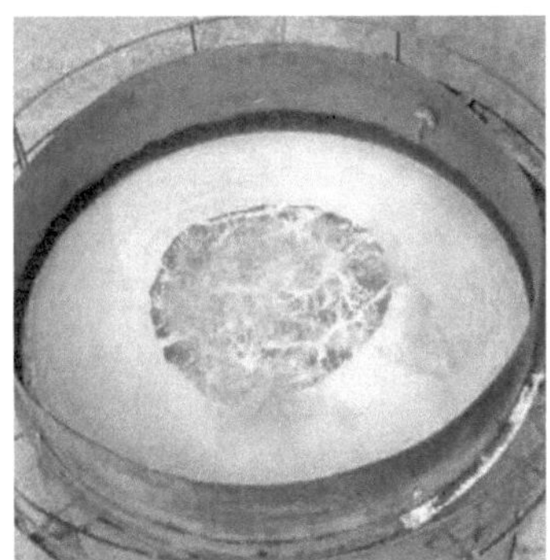

Bild 14: Schaumausbreitung bei einem Flüssigkeitsbrand in einem Lagertank
Quelle: Total Walther, u.a

Bild 15: Probeschäumung in einem simulierten Gefahrstofflager
Quelle: Total Walther, u.a

Bild 16: Schaumlöschanlage schützen Raffinerien und chemische Betriebe
Quelle: Total Walther, u.a

Es werden Proteinschaummittel, synthetische, wasserfilmbildende sowie alkoholbeständige Schaum- bzw. Netzmittel eingesetzt.

CO₂-Löschanlagen

Kohlendioxid (CO_2) wird seit vielen Jahrzehnten zum Brandschutz von Maschinen und Anlagen eingesetzt. CO_2 geht als Inertgas keine chemischen Verbindungen mit anderen Stoffen ein und hinterlässt nahezu keine Rückstände.

Kohlendioxid senkt im entsprechenden Schutzbereich den Volumenanteil von Sauerstoff in der Luft von 21 auf 13,6 % und weniger; damit wird der Brand in kurzer Zeit gelöscht. Allerdings ist CO_2 in löschfähigen Konzentrationen für Menschen lebensgefährdend, das bei Volumenanteilen von mehr als 8% in der Luft als toxisch gilt (Hyperventilation).

Deshalb sind in Personenaufenthaltsbereichen besondere Schutzmaßnahmen erforderlich: Vor allem darf der Löschvorgang nur zeitverzögert erfolgen, damit betroffene Personen - nachdem Alarm gegeben wurde - den gefährdeten Bereich in jedem Falle noch unverzüglich verlassen können.

CO_2 eignet sich besonders gut zum Schutz hochempfindlicher technischer Anlagen. Beispiele hierfür sind Anlagen der Datenverarbeitung, Schaltschränke, Innen-Transformatoren, Druckmaschinen, Lackieranlagen, Trockenöfen, Härteölbecken, Walzgerüste sowie Spezialmaschinen der spanabhebenden Bearbeitung.

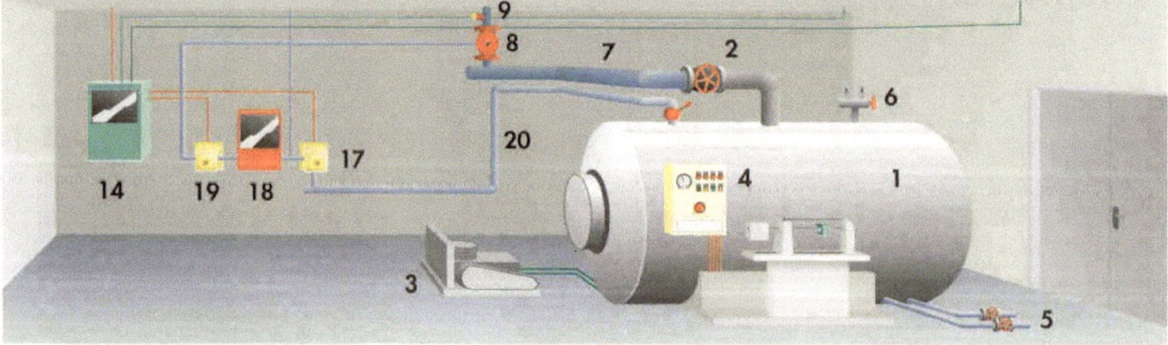

Beispiel einer KOTIKA®-Löschanlage:

Bild 17: *Beispiel einer CO₂-Niederdruck-Löschanlage Quelle: Total Walther, u.a*

1 KOTIKA®-Behälter auf Schwundwaage	8 Bereichsventil
2 Hauptabsperrventil	9 Riechstoffpatrone
3 Kühlaggregat	10 Löschleitung
4 Schaltschrank	11 Löschdüse
5 Fülleitungen	12 Wärmemelder
6 Sicherheitsarmaturen	13 Handauslösung
7 Verteilerrohr	14 Brandmelde- und Steuerzentrale

15 elektrisches Signalhorn	
16 pneumatisches Signalhorn	
17 Steuerventil Alarm	
18 Verzögerungseinrichtung	
19 Steuerventil Löschen	
20 Steuergasleitung	

Daneben wird Kohlendioxid zum Ablöschen brennbarer Feststoffe, Flüssigkeiten und Gase - zum Beispiel bei Kunststoff-, Öl-, Alkohol- und Gaslagern - eingesetzt.

CO$_2$-Löschanlagen werden als Hochdruck- und als Niederdruckanlagen ausgeführt.

Bei der Hochdrucktechnik wird Kohlendioxid bei Umgebungstemperatur mit 50 bis 60 bar Druck in Stahlflaschen gelagert, die bei Bedarf zu größeren Batterien zusammen-geführt werden können.

Bild 18: *Probeflutung eines Walzgerüstes in der Stahlindustrie mit CO2*
Quelle: Total Walther, u.a

Daneben ist - bei größeren benötigten Mengen - auch eine Lagerung von CO$_2$ üblich, das auf – 20°C abgekühlt ist und unter einem Druck von 20 bar steht (Kohlensäure tiefkalt; unter der Bezeichnung Kotika vertrieben). Das System weist dabei eine zusätzliche kleine Kältemaschine und einen gut wärmegedämmten Behälter auf.

Spezielle Inertgasgemische als Löschmittel

Wird bei einem Brand Sauerstoff mit Hilfe von CO$_2$ aus der Reaktionszone verdrängt, wird das Feuer gelöscht. Solche Erstickungsvorgänge schützen zwar hochwertige technische Anlagen und Kulturgüter, doch gehen davon erhebliche Gefahren für Menschen aus, die sich im Schutzbereich befinden.

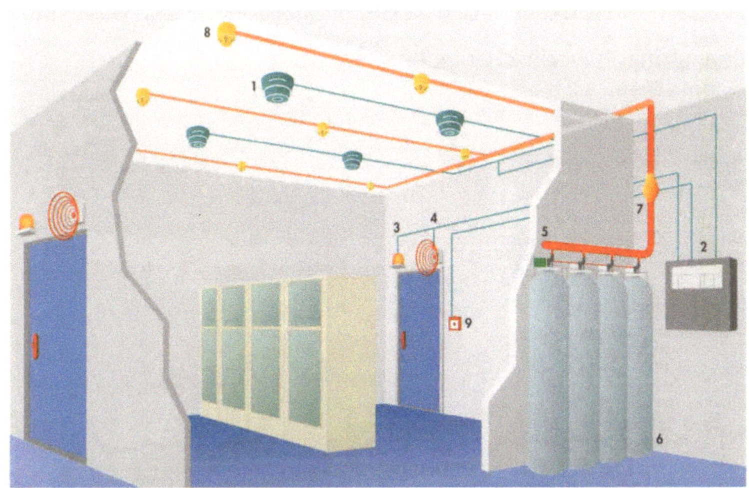

Beispiel einer Einbereichsanlage

1. Brandmelder
2. Brandmelde- und Steuerzentrale
3. Optisches Warnsignal
4. Akustisches Warnsignal
5. Stoßfeder an der Pilotflasche
6. INERGEN®-Flaschenbatterie
7. Druckreduziereinheit
8. Löschdüsen
9. Handauslösetaster

Bild 19: *Schematischer Aufbau einer Löschanlage mit Energen als Inertgasgemisch*
Quelle: Total Walther, u.a

Dieses Gefahrenpotential wird durch den Einsatz spezieller Inertgasgemische als Löschmittel entscheidend verringert: (Ein unter dem Markennamen Energen bekanntes Gasgemisch aus 52 Volumen-% Stickstoff (N_2), 40 % Argon (Ar) und 8 % Kohlendioxid (CO_2). Alle drei Gasbestandteile sind inert, gehen also praktisch keine chemischen Verbindungen mit anderen Substanzen ein. Der vergleichsweise geringe CO_2-Anteil bewirkt, dass beim Menschen eine unwillkürliche Atmungsvertiefung angeregt wird; damit kann eine ausreichende Versorgung des Organismus mit Sauerstoff gewährleistet werden.

Außerdem besitzt Energen eine niedrige elektrische Leitfähigkeit; deshalb eignet es sich insbesondere für den Schutz von Räumen, in denen elektrische oder elektronische Geräte vorhanden sind - z.B. Computer, datenverarbeitende Anlagen, Telekommunikationsanlagen, Schaltwarten und Schaltleitzentralen, Lackieranlagen sowie medizinische Diagnosegeräte.

Beim Einsatz in Archiven und Museen erweist sich die lange Haltezeit des Gasgemischs in löschfähigen Konzentrationen als nützlich, weil damit Glutbrände unterbunden werden können.

Pulverlöschanlagen

Löschpulver bestehen aus anorganischen Salzen wie z.B. Ammoniumphosphat oder Natriumhydrogencarbonat, die bei Bränden eine inhibierende, antikatalytische Wirkung haben: In kürzester Zeit werden die Kettenreaktionen, auf die sich der Verbrennungsvorgang stützt, in großem Umfang abgebrochen; damit kann sich die Verbrennungsreaktion nicht mehr fortsetzen.

Neben dem Ablöschen von Bränden mit Hand-Feuerlöschern - etwa im häuslichen Umfeld, in Gebäuden oder im Straßenverkehr - haben Löschpulver insbesondere dort ihren Anwendungsbereich, wo keine "nassen" Löschmittel wie etwa Wasser eingesetzt werden dürfen: zum Beispiel zum Löschen von Gas-, Flüssigkeits- und Metallbränden in der chemischen Industrie. Auch der Schutz von Ölkellern, Behältergruben, Füllstationen für entzündbare Flüssigkeiten und Gase, Flugzeughangars, Gas- und Chemikalientankschiffen und Hafenanlagen ist mit Pulverlöschanlagen möglich.

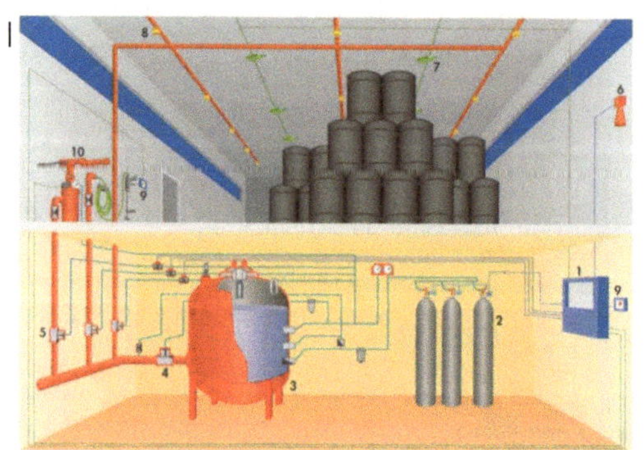

Systemaufbau einer Pulver-Feuerlöschanlage in der Praxis
Bild 20: →

Quelle:
Total Walther, u.a

← **Bild 21**
Pulver-Feuerlösch-anlage in einem Gefahrstofflager

Bei der industriellen Handhabung von brennbaren Stoffen - also entzündbaren Gasen und Flüssigkeiten sowie brennbaren Stäuben - besteht ein zum Teil erhebliches Explosionsrisiko. So werden beispielsweise viele der in industriellen Prozessen eingesetzten Stäube als explosionsfähig eingestuft. Wenn der Umgang mit brennbaren Stoffen technisch erforderlich ist, eine Inertisierung nicht möglich ist und sich zudem wirksame Zündquellen nicht ausschließen lassen, helfen konstruktive Maßnahmen, die Auswirkungen einer Explosion entscheidend zu verringern.

Zu gefährdeten Anlagen, die explosionsschutztechnische Maßnahmen erforderlich machen können, zählen zum Beispiel Schlauch- und Taschenfilter, pneumatische Fördereinrichtungen, Staubsilos, Gas-Absaugbereiche im Bergbau sowie Fahrzeuge unter Tage, Prozess- und Förderanlagen in der chemischen Industrie, Becherwerke in der Futtermittel- und Lebensmittelindustrie, Wirbelschichtgranulatoren sowie Mahl- und Zerkleinerungsanlagen. Wenn eine Explosion nicht die nachfolgende technische Einrichtungen aktivieren:

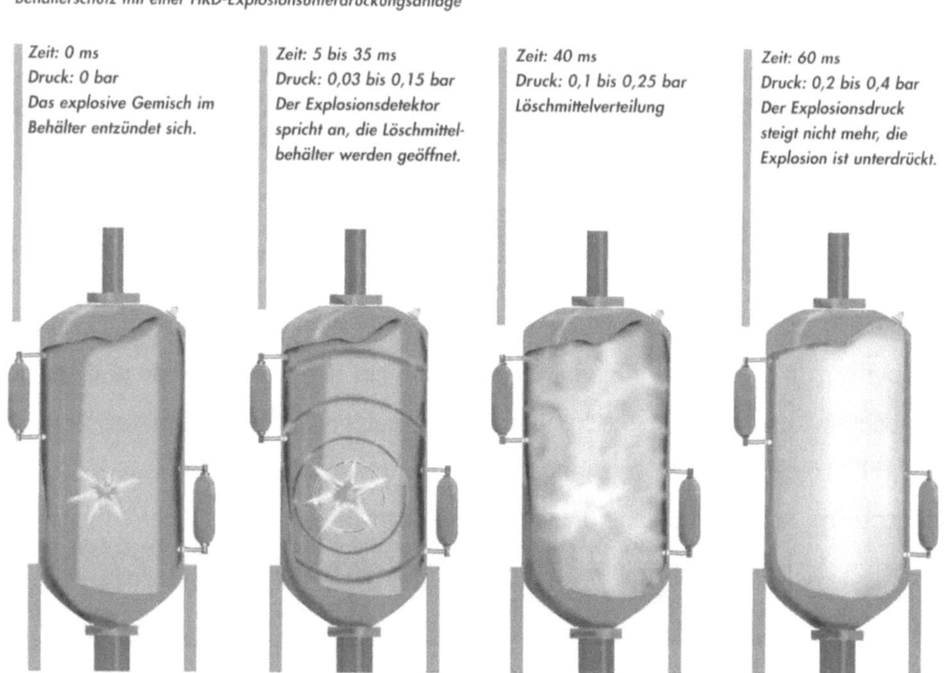

Bild 22: Behälterschutz mit einer HRD (High-Rate-Discharge)-Explosionsunterdrückungsanlage einschließlich Druckgas-Löschmittelbehältern, Quelle: Total Walther, u.a

Druckentlastungseinrichtungen für den Explosionsschutz

- Explosionsunterdrückungssysteme
- Explosionstechnische Entkopplungssysteme

Mit Explosionsunterdrückungssystemen wird verhindert, dass der Explosionsdruck die Festigkeit der technischen Anlage übersteigt und es dadurch zum Bersten kommt. Dabei wird die anlaufende Explosion bereits in ihrer Entstehungsphase unterdrückt - noch bevor der Druck auf eine technisch gefährliche Höhe ansteigen kann. Hierbei müssen sich aufbauende Drücke sehr schnell erkannt, entsprechende Eingangssignale innerhalb von Millisekunden durch Steuereinrichtungen verarbeitet und Ausgangssignale sofort an die Löschmittelversorgung weitergegeben werden. Von hier aus müssen hochwirksame Löschpulver in kürzester Zeit freigesetzt sowie schnell und gleichmäßig verteilt werden, damit die extrem schnell ablaufende Verbrennungsreaktion der Explosion zum Stillstand kommt. Dadurch wird der Explosions-Überdruck auf Werte unterhalb von 1 bar reduziert. Diese Explosionsunterdrückungstechnik wird als sog. HRD (High Rate Discharge) bezeichnet.

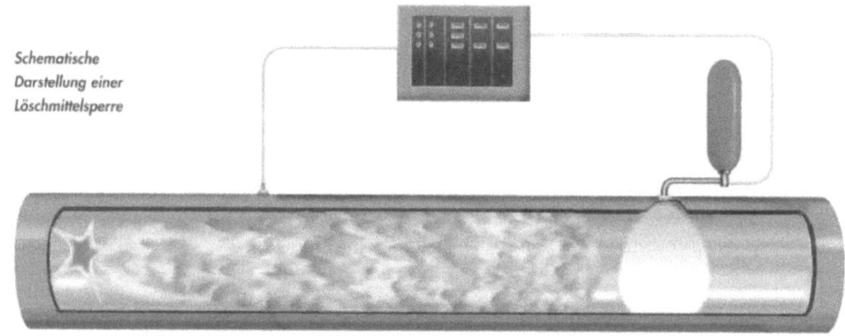

Bild 23: Wirkungsweise einer Explosions-Unterdrückungseinrichtung in HRD-Technik, Quelle: Total Walther, u.a.

Explosionstechnische Entkopplungssysteme sollen wirksam verhindern, dass die Explosionsflamme und / oder der Explosionsdruck auf andere Anlagenteile übergreift. Dies kann mit schnell schließenden Explosionsschutzventilen sowie mit Schnellschluss-Schiebern erreicht werden.

Weiter kann zur explosionstechnischen Entkopplung auch eine Sperre mit Hilfe eines Löschmittels aufgebaut werden. Dabei wird hinter einer möglichen Zündquelle ein geeigneter Detektor eingebaut und - in einem der Ausbreitungsgeschwindigkeit angepassten Abstand - die Löschmittelsperre mit einem oder mehreren HRD-Löschmittelbehältern angebracht. Bei einer anlaufenden Explosion kann damit in Sekundenbruchteilen eine - aus einer Löschpulverwolke bestehende - Sperre aufgebaut werden, die beim Eintreffen der Flammenfront die Flammen unverzüglich ablöscht.

2 Autom. Brandmeldeanlagen

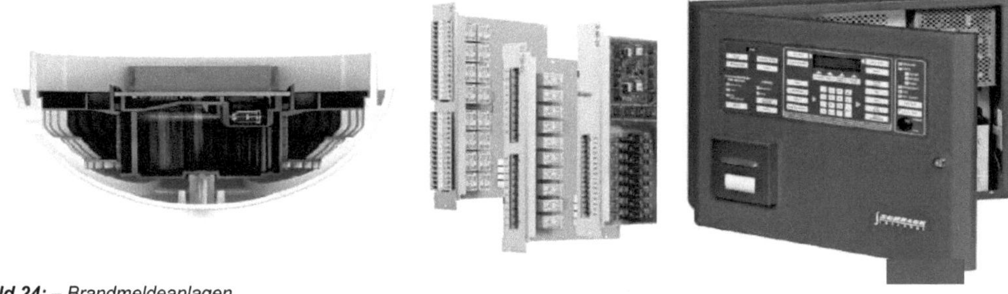

Bild 24: – *Brandmeldeanlagen*
Quelle: Internetrecherche Feuerwehr.at

Einführung

Schon früh haben die Menschen nach Wegen gesucht im Wettlauf mit dem Feuer möglichst viel Zeit zu gewinnen. Die Feuerwehr wurde zum sprichwörtlichen Inbegriff der Schnelligkeit. Sie kann allerdings erst ausrücken, wenn sie von dem Brand in Kenntnis gesetzt wird. Und so versuchten die Menschen dafür zu sorgen, dass Schadenfeuer möglichst schnell entdeckt und gemeldet werden können. Der mittelalterliche Nachtwächter, einer der ersten „Brandmelder" musste noch auf Flammen warten. Heute ist es möglich, schon den Schwelbrand im Papierkorb zu detektieren und mit Hilfe einer automatischen Brandmeldeanlage unverzüglich zu melden.

Brandmeldeanlage – keine neue Erfindung

Patentschrift Nr. 90083 aus dem Jahre 1894: War man in der Brandmeldetechnik anfangs auf den Brandwächter Mensch angewiesen, setzte gegen Ende des 19. Jahrhunderts mit dem technischen Fortschritt, insbesondere auf dem Gebiet der Fernmeldetechnik, die Entwicklung selbsttätiger Fernmeldeanlagen ein.

Zuerst waren es nur Wärmemelder, die der automatischen Brandmeldung dienten. Wollte man jedoch den Rauch eines Brandes auswerten, mussten geeignete Detektoren entwickelt werden.

Die Zeichnung einer Abbildung aus einer Patenschrift des Jahres 1894 macht die ersten Ideen anschaulich:

Vögel dienten als Rauchmelder

Die Vögel fielen durch eine Rauchvergiftung von der Stange und lösten durch ihr Körpergewicht einen Alarm aus. Einer Fehlauslösung (durch natürlichen Vogeltod) wurde durch eine „Zwei-Vögel-Abhängigkeit" vorgebeugt. Erst wenn beide Vögel von der Stange fallen, wird der Stromkreis geschlossen, und ein Alarm ausgelöst.

Bild 25: Brandmelder anno 1894
Quelle: Internet-Recherche, Feuerwehr.at

Wo werden Brandmeldeanlagen eingesetzt?

Brandmeldeanlagen schützen Menschen, Sachwerte und die Umwelt. Sie verhindern, dass ein nicht rechtzeitig bemerkter Entstehungsbrand sich zu einem Großbrand ausweiten kann. Brandmeldeanlagen werden daher eingebaut in:

- **Krankenhäusern**
- **Bürogebäuden**
- **Einkaufszentren**
- **Tiefgaragen**

- **Beherbergungsbetrieben**
- **Museen**
- **Messehallen**
- **Speditionslagern**

- **Seniorenwohnheimen**
- **Flughäfen**
- **Industrieanlagen**

Aufgabe der Brandmeldeanlage

Brandmeldeanlagen haben die Aufgabe, einen Brand frühzeitig zu erkennen und an die Brandmeldezentrale und die Feuerwehr zu melden. Dort wird die Meldung ausgewertet, d.h. es wird angezeigt, von welchem Objekt und aus welchem Raum die Brandmeldung erfolgte. Durch diese Meldung können die festgelegten Maßnahmen (automatische Alarmierung der Feuerwehr, interne Einsatzkräfte, ...) eingeleitet werden.

Für die Meldung eines Brandes gibt es zwei grundsätzliche Melderarten:

Nichtautomatische Brandmelder (Druckknopfmelder)

➔ Alarmauslösung durch Betätigung von Personen

Wird die Glasscheibe eines Druckknopfmelders eingedrückt und der „Druckknopf" betätigt, so wird bei der alarmannehmenden Stelle Alarm ausgelöst, und die örtliche Feuerwehr zum Einsatzort gerufen. Manuelle Brandmelder werden vorwiegend als Ergänzung zu einer automatischen Brandmeldeanlage oder Sprinkleranlage eingesetzt.

Bild 26: - Brandmelder
Internet-Recherche Fa. Schnack

Automatische Brandmelder

➜ Alarmauslösung vollautomatisch durch
Erkennen von Brandkenngrößen

Bild 27: – Autom. Brandmelder, Quelle: Internet-Recherche, Brandmelder

Brandkenngrößen

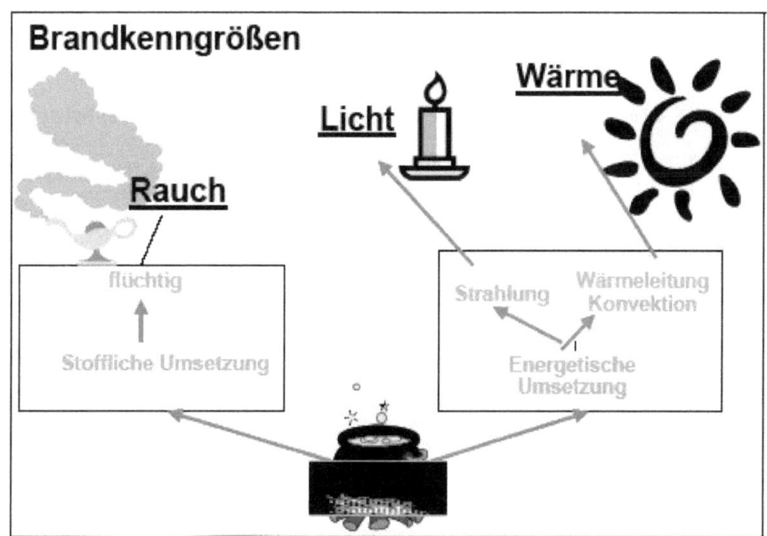

Bild 28: – Brandkenngrößen; Quelle: Internet-Recherche, Feuerwehr.at

Brandkenngrößen sind die bei einem Brand auftretenden Verbrennungsprodukte, welche von den Branderkennungselementen (Brandmelder) in elektrische Signale umgewandelt werden.

Rauchgase

(Wasserdampf, Russpartikel, Atemgifte, Kohlenstoffmonoxid, Kohlenstoffdioxid)

Die in der überwiegenden Zahl von Entstehungsbränden (Schwelbrand) zuerst auftretenden Brandkenngrößen sind Brand- und Rauchgase sowie kleinste feste Partikel. Aus diesen Gasen und kleinsten Partikeln entstehen nach Verlassen des Verbrennungsbereiches durch Verbindung mit anderen festen oder flüssigen Luftteilchen die so genannten Rauchaerosole mit einem Durchmesser zwischen 0,001 Mikrometer und 10 Mikrometer, die durch die Thermik des Brandes zur Decke getragen werden.

Wärmeleitung – Wärmestrahlung

(Hitze, Glut, …)

Vom Brandherd wird durch Wärmeleitung - Wärmestrahlung Energie an die Umgebung abgegeben. Durch die ansteigende Temperatur können wiederum brennbare Materialien entzündet werden.

Flammenbildung

Durch offene Flammbrände wird Lichtenergie und Strahlungswärme frei. Die Flammen weisen eine bestimmte (auswertbare) Flackerfrequenz auf.

Automatische Brandmelder

Für die jeweils zu erwartende Brandkenngröße stehen automatische Brandmelder zur Verfügung.

Die Auswahl der richtigen Brandmelderart ist das wesentlichste Kriterium für eine schutzzielorientierte Brandmeldeanlage.

- Mehrkriterienmelder
- Ultraviolettflammenmelder
- Optische Rauchmelder
- Infrarotflammenmelder
- Wärmedifferenzialmelder
- Linienförmige Melder
- Wärmemaximalmelder
- Sondermelder
- Lineare Rauchmelder
- Hochempfindliche Rauchdetektionssysteme für Sonderanwendungen

Durch die Technik wird versucht, menschliche Sinne, wie Geruchssinn, Tastsinn und Sehsinn nachzubilden.

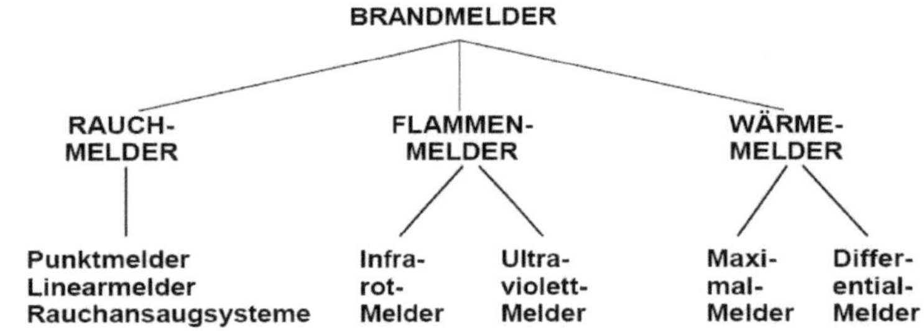

Bild 29:
Brandmelder
Quelle: Internet-Recherche,
Feuerwehr.at

Rauchmelder

Bild 30 – Rauchmelder, Quelle. Internet-Recherche, Feuerwehr.at

Nach DIN EN 54 ergibt sich folgende Definition:

"Rauchmelder sprechen auf in der Luft enthaltene Verbrennungs- und/oder Pyrolyseprodukte (Schwebstoffe) an.

Optische Rauchmelder

Die Sensoren eines Rauchmelders arbeiten nach dem optischen Prinzip, d. h. in der Messkammer des Gerätes werden regelmäßig Lichtstrahlen ausgesendet, die im Normalzustand nicht auf die Fotodiode treffen.

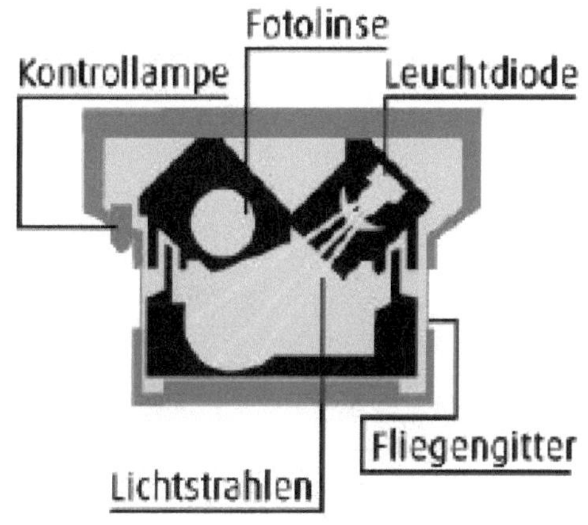

Bild 31: *Rauchmelder im Normalzustand;*
Quelle: Internet-Recherche, Esser

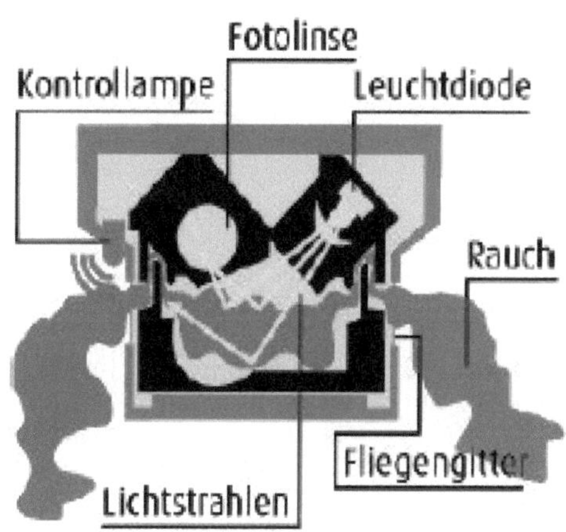

Bild 32: *Rauchmelder im Alarmzustand*
Quelle: Internet-Recherche, Esser

Ionisations-Rauchmelder

Auch bei diesem Meldertyp dient Rauch als Kenngröße, und auch hier wird Strahlungsschwächung als Messprinzip genutzt. Allerdings nutzt man diesmal die von α-Strahlern ausgehende radioaktive Strahlung.

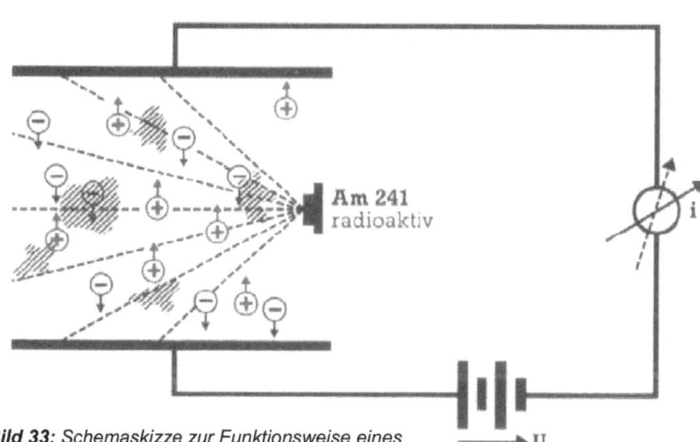

Bild 33: *Schemaskizze zur Funktionsweise eines Ionisations-Rauchmelders*
Quelle: Internet-Recherche, Esser

Die konstant fließende Strahlung führt zu einer gleichmäßigen Ionisierung der Luft innerhalb des Kondensatorsystems. An den eindringenden Rauch lagern sich nun Luftionen an und verringern den normalerweise konstanten Stromfluss zwischen den Kondensatorteilen, was zur Alarmauslösung führt.

<u>Flammenmelder</u>

Die DIN EN 54-1 definiert Flammenmelder wie folgt: „Flammenmelder sprechen auf die von Bränden ausgehende Strahlung an." Das von Flammen ausgehende infrarote, ultraviolette oder sichtbare Strahlungsspektrum wird hier zur Branddetektion genutzt. Außerdem macht man sich zunutze, dass Flammen mit einer bestimmten Frequenz flackern.

<u>VIS-Flammenmelder</u>

Diese Melder sprechen auf den sichtbaren Bereich des optischen Spektrums an, und werden nur noch selten, meist in dunklen Räumen eingesetzt. Ihre Photoelektrik reagiert auf sichtbares Licht mit bestimmten Flackerfrequenzen. Da IR-Melder oder UV-Melder nahezu gleichwertig eingesetzt werden können, ist diese besondere Bauart nur noch selten erforderlich.

<u>IR-Flammenmelder</u>

In einem IR-Flammenmelder befindet sich ein optischer Filter, welcher nur die für Feuer typischen IR-Anteile des optischen Spektrums durchlässt, ein opto-elektrischer Wandler zur

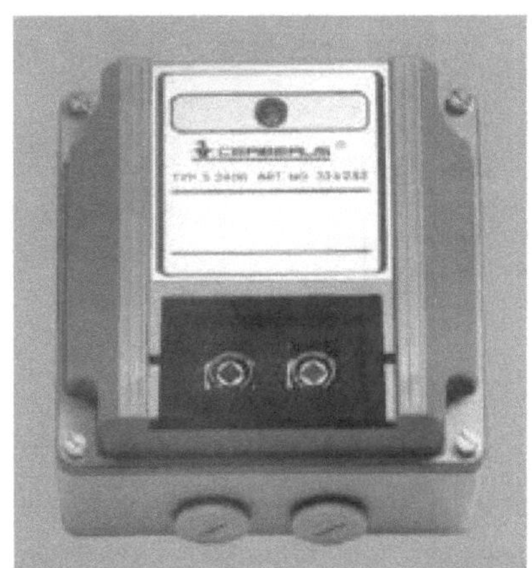

Umwandlung optischer in elektrische Signale sowie ein Frequenzanalysator, der die Eingangssignale auf einen bestimmten Frequenzbereich untersucht.

Liegen sowohl eine typische Wellenlänge, als auch eine typische Flackerfrequenz im Bereich von 3 bis ca. 30 Hz vor, wird Alarm ausgelöst. Eine sichere Überwachung ist allerdings nur dann möglich, wenn es nicht schon in der Anfangsphase des Brandes zu einer starken Verrauchung im Überwachungsbereich kommt.

Bild 34: IR-Flammenmelder, Quelle: Internet-Recherche, Feuerwehr.at

<u>UV-Flammenmelder</u>

UV-Melder unterscheiden sich in der Funktion kaum von den zuvor beschriebenen IR-Meldern. Hier wird allerdings der kurzwellige Strahlungsanteil erfasst, dessen erzeugte Energiemenge allerdings um ca. 5 Zehnerpotenzen niedriger liegt. Daher muss der opto-elektrische Wandler viel leistungsfähiger sein und die Glasscheibe vor der Optik durch Quarz ersetzt werden, da Glas den kurzwelligen Bereich unter 0,3 µm komplett absorbiert. Durch diese Bauart wird das Gerät sehr teuer, was den Einsatz einschränkt.

<u>Wärmemelder</u>

In der DIN EN 54-1 ist folgende Definition zu Wärmemeldern enthalten: „ Wärmemelder sprechen auf eine Temperaturerhöhung an." Auch Wärmemelder sind automatische Melder, bei denen sich zwei Funktionsprinzipien unterscheiden lassen.

<u>Maximal-Wärmemelder</u>

Hier wird eine maximale Temperatur für den Überwachungsbereich vorgegeben, bei Überschreitung dieser Temperaturgrenze für eine bestimmte Zeit wird Alarm ausgelöst. Bei diesem Messprinzip wird die physikalische Reaktion bestimmter Elemente auf Temperatur-erhöhung ausgenutzt.

<u>Wärmedifferentialmelder</u>

Die zeitlich positive Änderung der Temperatur im Überwachungsbereich ($\Delta T = f(t)$) wird bei diesem Messprinzip verwendet als Alarmkriterium verwendet. Eine Auslösung erfolgt, wenn im Rahmen einer Raumluftaufheizung ein Schwellenwert ausreichend lange überschritten wird. Im Normalfall besteht der Melder aus zwei getrennten Einheiten, wobei ein gegen schnelle Temperaturschwankungen isoliertes Bauteil einen „Normwert" liefert, und ein zweites Bauteil, welches direkt der Raumluft ausgesetzt ist, die aktuelle Temperatur misst. Über dieses System können im Betriebsablauf kurzzeitig auftretende Wärmespitzen so abgefangen werden, dass keine Auslösung des Melders erfolgt.

Aufbau der Brandmeldeanlage

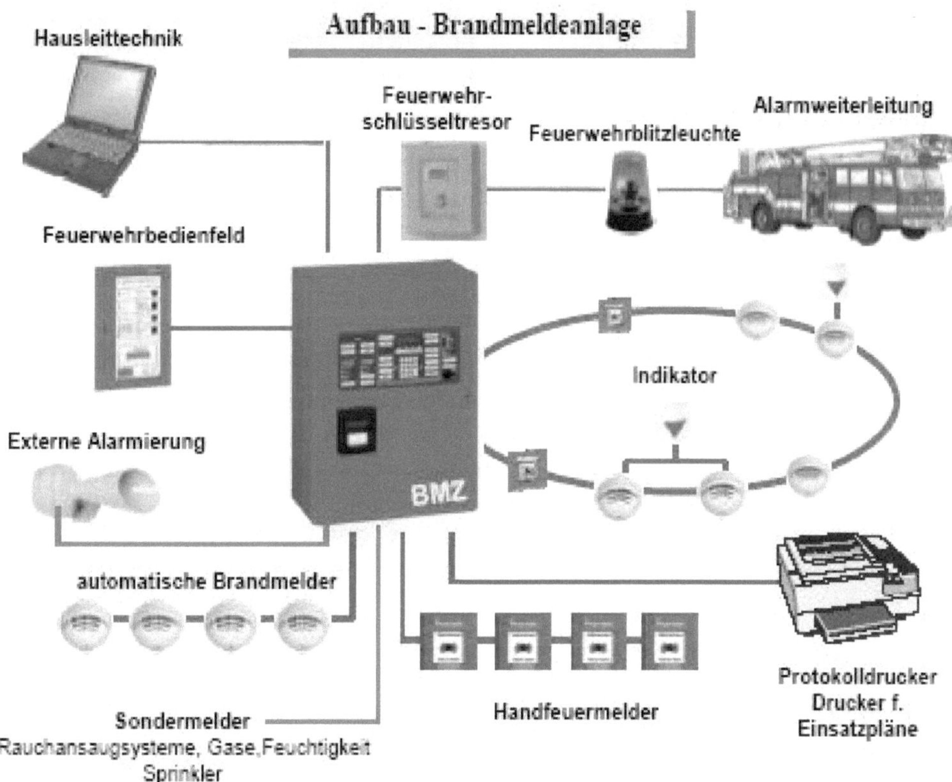

Bild 35: *Aufbau Brandmeldeanlage; Quelle: Internet-Recherche, Feuerwehr.at*

Automatische Brandmeldeanlagen bestehen aus automatischen Brandmeldern, nicht automatischen Brandmeldern (Druckknopfmeldern), Brandmeldezentrale, Stromversorgung, Notstromversorgung, Alarmweiterleitung, Ansteuerungen von Brandschutzeinrichtungen (z. B. Brandschutztüren, Not-

Aus-Funktionen, interne Alarmeinrichtungen, Feuerwehrschlüsseldepot, Blitzleuchte, Freischaltelement
etc.).

Das Herzstück einer Brandmeldeanlage ist die "Brandmelderzentrale".

Die wichtigsten Funktionen sind:

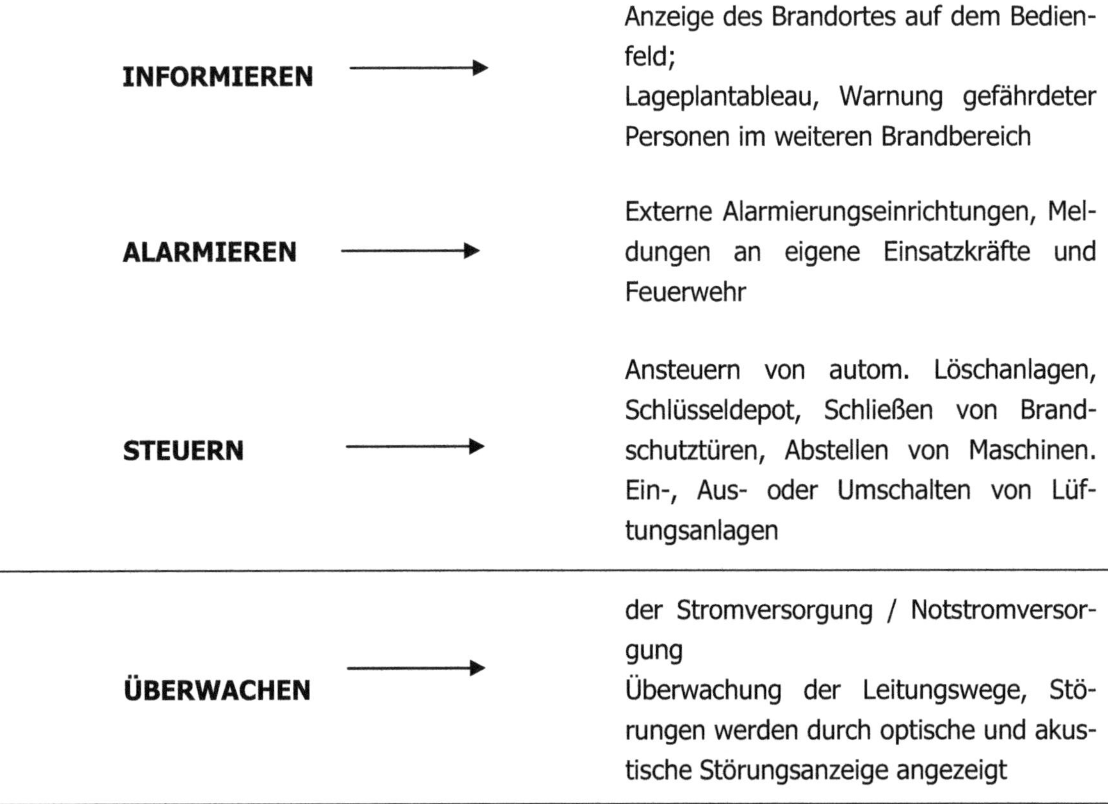

Tabelle 10: Funktionen Brandmeldeanlage

Zusammenfassung

Brandmeldeanlagen haben sich bei der Früherkennung von Entstehungsbränden immer wieder als positiv herausgestellt. Die Anlagen haben nicht nur hohe materielle Verluste verhindert sondern auch in vielen Fällen dazu beigetragen bereits in einem Frühstadium eiens Brandes Menschenleben zu retten. Brandmeldeanlagen sind neben der technischen Ausführung (eine Reihe von anerkannten Regeln der Technik sorgen dafür, dass solche Anlagen im Ereignisfall auch betriebssicher und wirksamsind) jedoch nur so gut, wie sie von verantwortlichen Personen erichtert, gewarte und instand gehalten werden, sodass das Schutzziel (Früherkennung eins Brandereignisses) hierdurch sicher und umfassend gewährleistet werden kann.

3   Rauch- und Wärmeabzugsanlagen

Einleitung

Bild 36:
Quelle: Internet-Recherche Feuerwehr.at

Wird in einem geschlossenen Raum ein Feuer ausgelöst, wird dieser Raum durch Rauch und toxische Brandgase schnell vollständig verqualmt, sodass Flucht- und Rettungswege versperrt werden können. Die Umgebungstemperatur kann zudem durch den entstehenden Hitzestau so stark ansteigen, dass es zu einer explosionsartigen Selbstentzündung, den "Flashover" und damit zum Totalverlust des Gebäudes kommen kann.

Ziel des vorbeugenden Brandschutzes ist es, durch geeignete Maßnahmen das Auftreten von Schadenfeuern zu verhindern.

Sollte es dennoch zu einem Brand kommen, sollen die Brandschutzmaßnahmen Menschen und Sachwerte vor Brandfolgeschäden schützen.

Die Rauchmenge von 10 kg Papier kann beispielsweise 10.000 m³ Raumluftvolumen und Atemluft in 10 Minuten bis zu einer letalen Toxizität vergiften. 30 Sekunden nach Einatmen tritt meistens bereits Verwirrung auf, nach 60 Sekunden Ohnmacht, nach 3 Minuten häufig irreparable Hirnschäden und nach weiteren 2 Minuten vielfach der Tod.

Bild 37:
Quelle: Internet-Recherche Feuerwehr.at

Die verheerenden Folgen von Großbränden, bei denen Rauch- und Wärmeabzugsanlagen nicht vorhanden oder in ihrer Funktionstüchtigkeit eingeschränkt waren, haben immer wieder gezeigt, dass hohe Schadensausmaße zu verzeichnen waren.

Einsatz von Rauch- und Wärmeabzugsanlagen

Rauch- und Wärmeabzugsanlagen schützen Menschen (vornehmlich die Feuerwehrleute), Sachwerte und die Umwelt. Sie sollen verhindern, dass ein Entstehungsbrand zu einer großflächigen Verrauchung des Gebäudes führen kann und somit sämtliches Lagergut, Betriebsgüter oder das betroffene Gebäude durch den entstehenden Rauch, seine giftigen und oft stark korrosiven Bestandteile, oder durch die Brandhitze zerstört werden.

Bild 38:
Quelle: FVLR Detmold

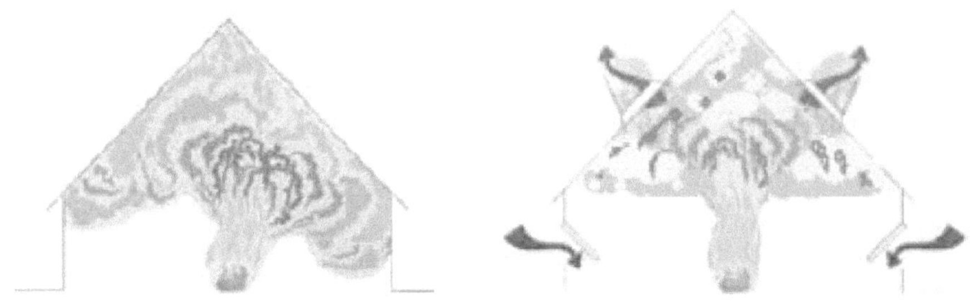

ohne Rauchabzug   mit Rauchabzug

Bild 39: *Quelle: Internet-Recherche Feuerwehr.at*

Funktion, Aufbau und Wirkungsweise von Rauch- und Wärmeabzugsanlagen

Natürliche Rauch- und Wärmeabzugsgeräte (NRA-Anlagen):

Für sämtliche Lüftertypen zum Rauchabzug müssen Prüfzeugnisse oder Zulassungen einer anerkannten Stelle vorhanden sein.

Beispiele:

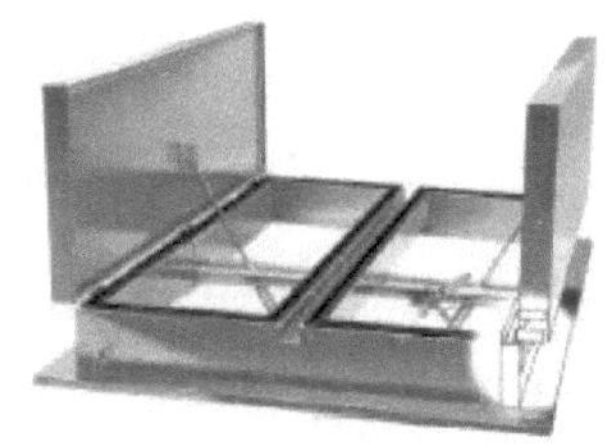  

Bild 40: Doppelklappe
Quelle: FVLR Detmold

Bild 41: Lichtkuppel
Quelle: FVLR Detmold

Bild 42 Jalousieklappen
Quelle: FVLR Detmold

Rauchabschnittsbildung – Rauchschürzen

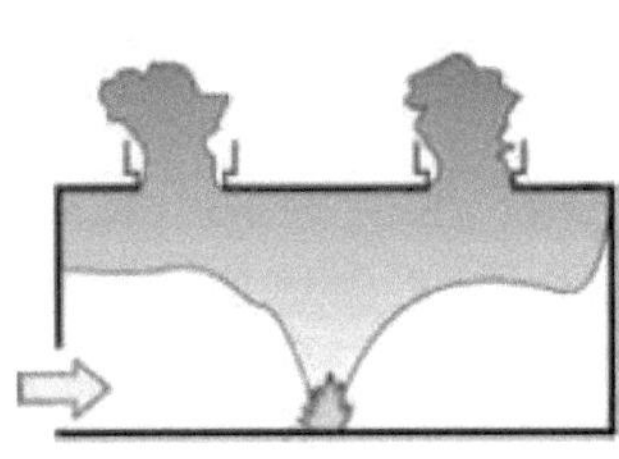 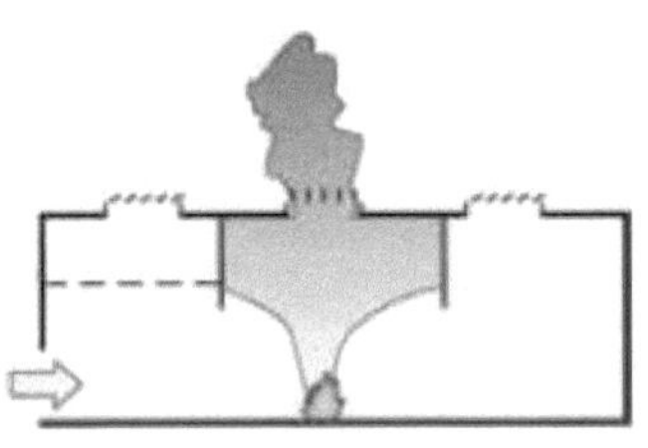

Ohne Rauchabschnittsbildung   Mit Rauchabschnittsbildung

Wenn ein Rauchabschnitt die Größe von ≤ 1.600 m² oder eine Länge von 60 m überschreitet, sind Maßnahmen zur Rauchabschnittsbildung notwendig.

Bild43: Quelle: FVLR Detmold

Bild 44: *Quelle: FVLR Detmold*   *Beispiele von Rauchschürzen*   **Bild 45:** *Quelle: FVLR Detmold*

Zuluftöffnungen

Um die entstehende Thermik durch die heißen Rauchgase optimal ausnutzen zu können, müssen im Bodenbereich Zuluftöffnungen geschaffen werden. Zuluft im unteren Bereich des Rauchabschnittes optimiert den Wirkungsgrad der Rauch- und Wärmeabzugsanlage.

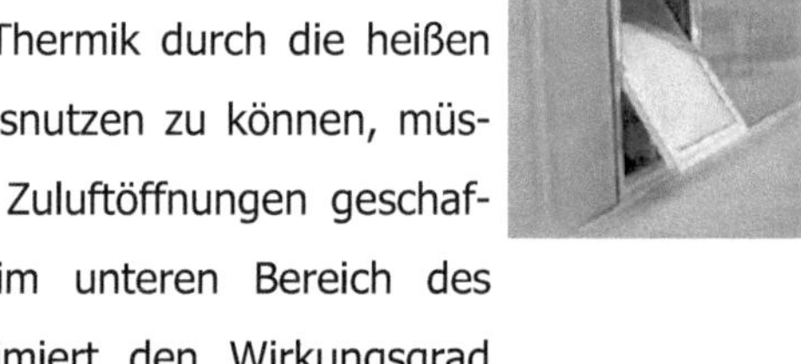

Bild 46: *Verschiedene Zuluftöffnungen für die Rauch- und Wärmeabzugsanlagen; Quelle: FVLR Detmold*

Durch einen kontrollierten und richtig bemessenen Zuluftstrom wird die gewünschte Rauch-schichtdicke sichergestellt und der thermische Auftrieb optimiert.

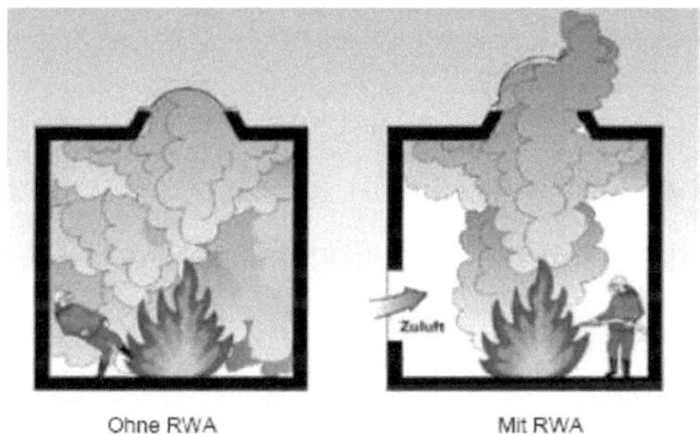

Bild 47 - Quelle: FVLR Detmold

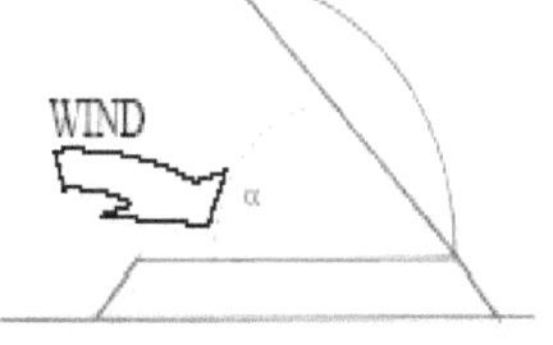

Bild 48:
Quelle: Internet-Recherche Feuerwehr.at

Seitenwindeinflüsse und Wintertauglichkeit

Um keine negative Beeinflussung der Funktion der Rauch- und Wärmeabzugsanlage durch auftretenden Wind zu erreichen, dürfen Lüfter mit einem Öffnungswinkel, der kleiner ist als 90°, nicht mehr verwendet werden.

Um auch im Winter eine sichere Funktion der Rauch- und Wärmeabzugsanlage zu gewährleisten, müssen Lüfter auch im Winter und unter Schneelast öffenbar sein. Bereits bei der Normprüfung werden diese Faktoren berücksichtigt.

Bild 49:
Quelle: FVLR Detmold

Richtige Dimensionierung und Ausführung der NRA-Anlage

Bild 50:
Quelle: Internet-Recherche Feuerwehr.at

Nur wenn eine Rauch- und Wärmeabzugsanlage richtig dimensioniert und die Geräte regelgerecht eingebaut wurden, kann die Rauch- und Wärmeabzugsanlage ihre Wirkung erreichen. Die Einhaltung der Lagerhöhen ist ein nicht unwesentlicher Bestandteil, damit die Rauch- und Wärmeabzugsanlage nicht in ihrer Funktion beeinträchtigt wird.

Aufbau der Rauch- und Wärmeabzugsanlagen

Grundsätzlich müssen nach dem Stand der Technik sämtliche Befehle (AUF/ZU) für die Rauch- und Wärmeabzugsanlage von der Angriffsebene der Feuerwehr aus ausführbar sein. Ebenfalls sollten NRA-Geräte mit einer automatischen Sammelauslösung (über autom. Rauchmelder – alle NRA des Rauchabschnittes) ausgestattet sein.

Man unterscheidet folgende Arten zur Auslösung und Ansteuerung von Rauch- und Wärmeabzugs-anlagen:

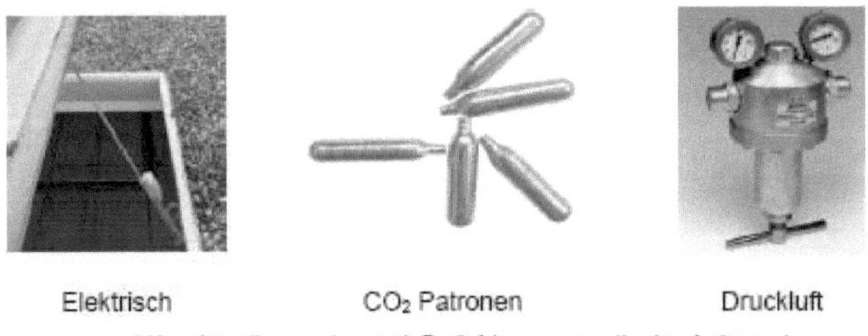

Bild 51:
Quelle: FVLR Detmold

<u>Pneumatische Anlage:</u>

Nachfolgend das Anlagenschema einer pneumatisch angesteuerten Anlage.

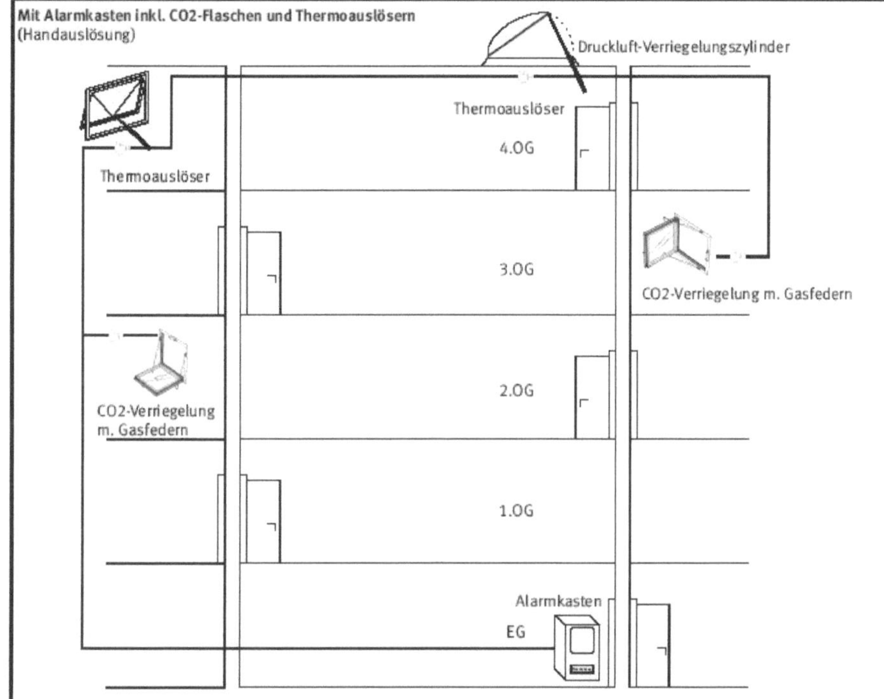

Bild 52: Anlagenschema pneumatische Anlage
Quelle: Internet-Recherche Feuerwehr.at

Pneumatische RWA bestehen aus Steuerkästen und pneumatischen Zylindern. CO2-Anlagen werden in der Regel für Kipp-, Klapp-, Schwingfenster, Dunkelklappen, Dachflächenfenster und Lichtkuppeln verwendet. Die Auslösung von CO2-Anlagen kann manuell oder automatisch erfolgen.

<u>Elektrische Anlage:</u>

Nachstehend ein Schema einer elektrisch angesteuerten Rauch- und Wärmeabzugsanlage.

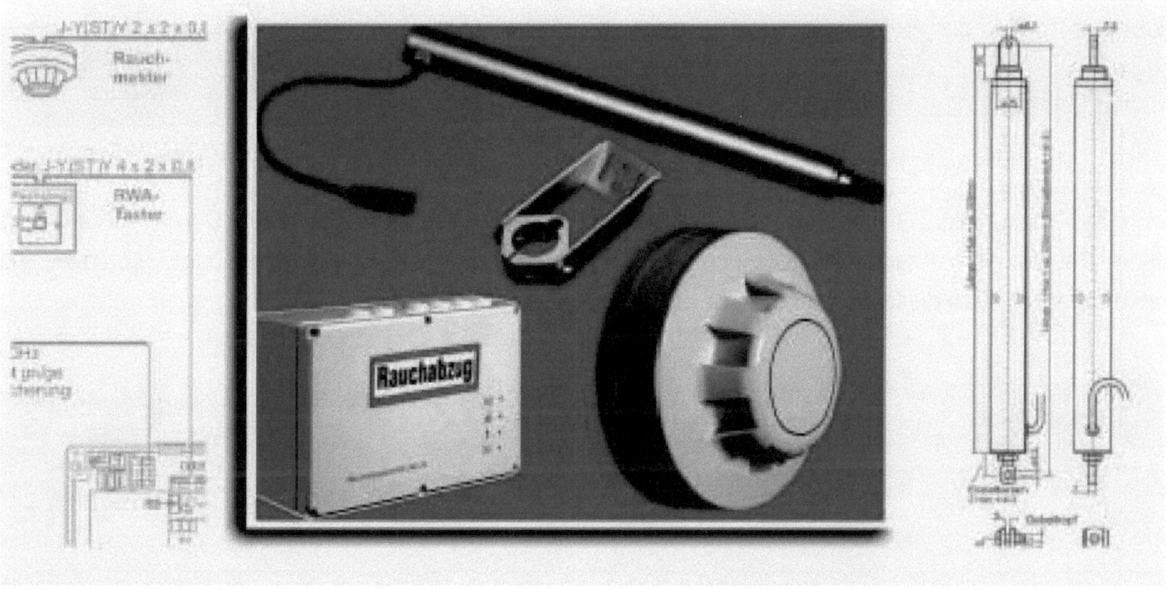

Bild 53:
Quelle: Internet-Recherche Feuerwehr.at

Die Auslösung der elektrischen Anlage erfolgt über autom. Brandmelder oder manuelle Auslöseeinrichtungen. Geöffnet werden die NRA-Geräte über Zahnstangenmotoren oder Spindelhubmotoren.

Die Steuerzentrale wird über Akkus mit Notstrom versorgt. Die tägliche Lüftungsfunktion kann mit Lüftungstastern realisiert werden.

Schutzziele von Rauch- und Wärmeabzugsanlagen

→ *Sicherung von Rettungsween oder von Angriffswege für die Feuerwehr.*

Bild 54:
Quelle: TraffGO-ht.com

Wird eine Rauch- und Wärmeabzugsanlage (NRA-Anlage – natürlicher Rauchabzug, z. B. über Lichtkuppeln; MRA-Anlage - maschineller Rauchabzug, z. B. über Ventilatoren) zur Sicherung von Rettungswegen (z. B. Verlängerung der Rettungswege in der Ladenstraße, einer Verkaufstätte, bei Versammlungsräumen von > 1.000 m², bei eingeschossigen Industriebauten ohne autom. Löschanlage > 1.600 m² eingesetzt, so muss die Rauch- und Wärmeabzugsanlage häufig durch Raucherkennungselemente angesteuert und geöffnet werden, da raucharme Schichten derzeit nach Regelwerk nachzuweisen sind.

Diskutiert in der Fachwelt wird derzeit aber verstärkt nur noch der Einsatz für die Feuerwehr.

<u>Unterstützung des Feuerwehreinsatzes und Verzögerung der Brandausbreitung:</u>

Ist eine Rauch- und Wärmeabzugsanlage zur Unterstützung eines aktiven Feuerwehreinsatzes erforderlich, so sollte hier ebenfalls eine autom. Ansteuerung und Öffnung bereits in der Entstehungsphase eines Brandes erfolgen. Zusätzlich ist am Hauptangriffsweg der Feuerwehr eine Handauslösestelle zu installieren.

Bild 55:
Quelle: Internet-Recherche Feuerwehr.at

Durch das rechtzeitige Öffnen der NRA- oder MRA-Anlagen wird meistens einer Durchzündung von heißen Rauchgasen - und damit einer schnellen Brandausbreitung – vorgebeugt, so dass es unabdingbar ist, dass diese schon in der Frühphase eines Brandes aktiviert wird.

Maschinelle Entrauchungsanlagen

Bei maschinellen Entrauchungsanlagen wird das entstehende Rauchvolumen mittels Ventilatoren aus den vom Brand betroffenen Bereichen abgeführt.

Zur Dimensionierung kann zum Erreichen von raucharmen Schichten z. B. die DIN 18232 Teile 5 + 6 herangezogen werden.

Bei diesen Anlagen müssen besondere Anforderungen an die elektrische Versorgung der Ventilatoren und Verschluss-Klappen sowie die Ausführung der Lüftungskanäle als Entrauchungskanäle gestellt werden, damit diese Bauteile in ihrer Funktionstüchtigkeit durch die heißen Rauchgase nicht beeinträchtigt werden.

Bei komplexen Gebäuden ist die Erstellung eines Entrauchungskonzeptes durch einen hierfür anerkannten Sachverständigen erforderlich. Durch maschinelle Entrauchungsanlagen können bei nicht schutzzielorientierter Projektierung erhebliche Druckunterschiede in einem Gebäude aufgebaut werden, so dass z. B. Ausgangstüren nicht oder nur unter erhöhter Druckaufwendung öffenbar sind. Die Errichtung solcher Anlagen erfordert Sach- und Fachkenntnisse der Planer, des ausführenden Fachunternehmens und des beauftragten Sachverständigen.

RDA-Anlagen in Treppenräumen (Überdrucklüftungsanlagen bzw. Rauchdruckanlagen – auch teilweise "Spüllüftungsanlagen" genannt)

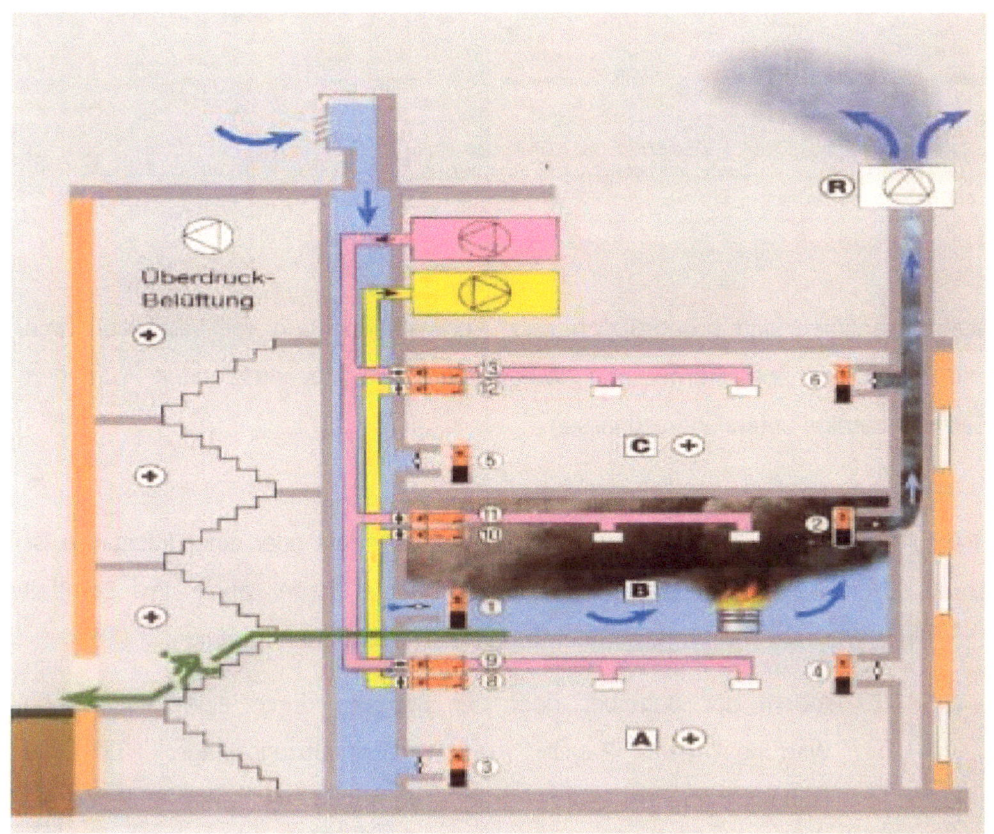

Bild 56:
Quelle: Internet-Recherche
Feuerwehr.at

RDA- bzw. Spüllüftungsanlagen werden vor allem zum Abbau von Überdruck, der im Brandfall durch die Thermik entsteht, verwendet. Es soll hier die Ausbreitung des Rauches aus den angrenzenden Räumen des Treppenraumes (z. B. Wohnungen) in die Treppenräume verhindert werden.

Durch den Einsatz von mobilen Überdruckbelüftungsgeräten der Feuerwehr kann beim Öffnen des Rauchabzugs an höchster Stelle des Treppenraums ebenfalls eine gezielte Rauchabführung und damit wieder eine schnelle Benutzbarkeit von Treppenräumen erreicht werden.

Eine automatische Auslösung der RDA-Anlagen erfolgt durch autom. Rauchmelder in den vorgelagerten Schleusen sowie in den angrenzenden Nutzungseinheiten.

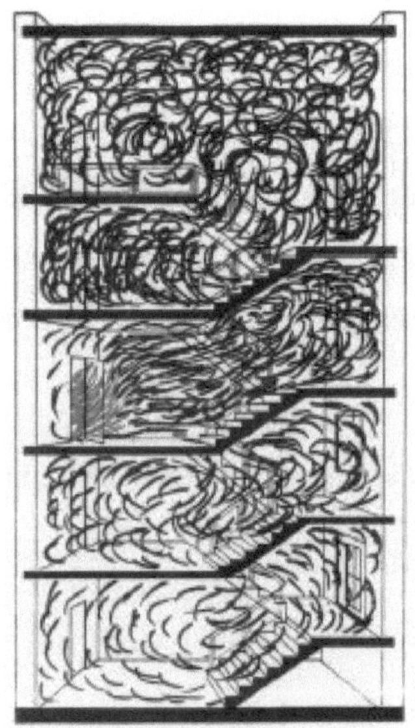

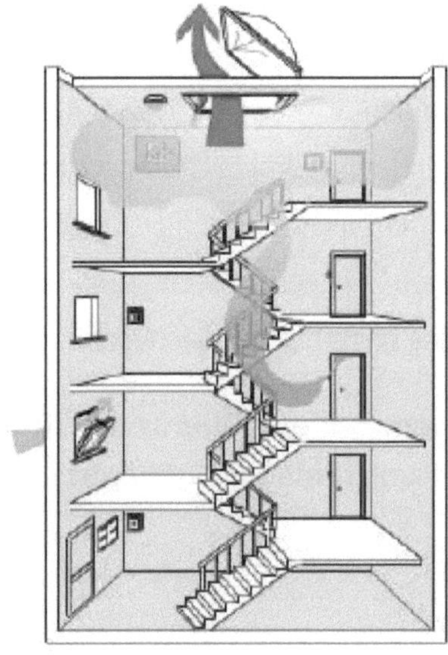

ohne RDA-Anlage   **Bild 57:**   *mit RDA-Anlage*
Quelle: Internet-Recherche Feuerwehr.at

Überprüfungen

Rauch- und Wärmeabzugsanlagen sind grundsätzlich nach Fertigstellung und vor Inbetriebnahme einer Überprüfung auf deren "Betriebssicherheit und "Wirksamkeit" und wiederkehrenden Prüfungen durch anerkannte Sachverständige unterziehen zu lassen.

<u>Wartung:</u>

Eine Wartung der Rauch- und Wärmeabzugsanlage durch die Errichterfirma oder einer Fachfirma ist jährlich durchzuführen. Nur eine professionell gewartete Anlage kann auch im Ernstfall schutzzielorientiert zur Einschränkung von Brand-, Rauch- und Personenschäden führen.

Indem der Betreiber oder der Betreuer durch eine regelmäßige Wartung der Rauch- und Wärmeabzugsanlage für die Funktionsfähigkeit Sorge trägt, verringert er entscheidend die tatsächliche Schadenshöhe und zugleich sein Haftungsrisiko im Schadensfall.

Bild 58:
Quelle: FVLR Detmold

Einfache Wartungsarbeiten können auch von unterwiesenem Betriebspersonal (als Sachkundige) durchgeführt werden. Umfassende Wartungen und Instandsetzungsarbeiten müssen von einer Fachfirma als Facherrichter ausgeführt werden, um Störungen und Funktionsbeeinträchtigungen festzustellen und den bestimmungsgemäßen Betrieb der Anlage wieder herzustellen.

Bild 59: *Quelle: FVLR Detmold*

Zusammenfassung

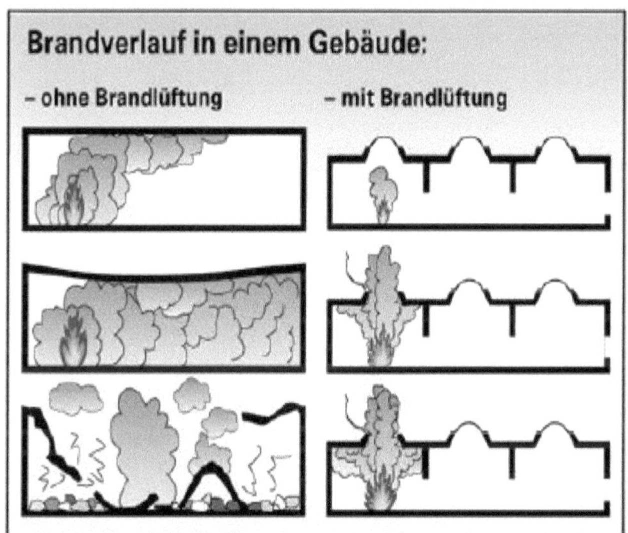

Bild 60: *Quelle: FVLR Detmold*

Ein schutzzielorientiertes Brandschutz-konzept sollte den Personen- aber auch den Sachschutz gleichermaßen berücksichtigen.

Rauch- und Wärmeabzugsanlagen haben sich in der Vergangenheit vielfach bewährt, wobei aber festzu-stellen ist, dass diese nur in der Ent-stehungsphase eines Brandes, nicht mehr in der Vollbrandphase, Wirkung zeigen.

Rauch- und Wärmeabzugsanlagen sind neben der technischen Ausführung (eine Auslegung nach den anerkannten technischen Regeln sorgt dafür, dass die Anlagen im Ernstfall auch wirklich zuverlässig arbeiten), auch von verantwortlichen Personen (Sachkundigen) zu warten, damit deren Funktion auch im Ereignisfall immer gesichert ist und diese „betriebssicher und wirksam" sind.

Schwalmtal, dem 17.12.2009

Rainer Jaspers

<u>Literaturverzeichnis</u>

1.	Internet-Recherche:	Total Walther, Köln, Minimax, Essen u.a.; Feuerlöschanlagenhersteller
2.	Internet-Recherche:	Feuerwehren.at
3.	FVLR Fachhefte	Fachverband „Tageslicht und Rauchschutz e.V.", Detmold
4.	Privatarchiv	VIKING USA
5.	Internet-Recherche	Sprinkleranlagenhersteller
6.	Internet-Recherche	Brandmeldeanlagenhersteller
7.	Internet-Recherche	Hersteller von Rauch- und Wärmeabzugsanlagen
8.	Internet-Recherche	Funktionsweise autom. Brand- und Rauchmelder
9.	Hauptmann Sandor Szarka vorbeugender Brandschutz Berufsfeuerwehr Budapest	„Vergleich der verschiedenen nationalen Regelungen bei der Errichtung von eingebauten Brandmelde- und Sprinkleranlagen in den einzelnen EU-Staaten"

Bild 11:
Schutz einer Misch- und Pumpstation in der chemischen Industrie mit einer Sprühwasser-Löschanlage
Quelle: Total Walther, u.a

Bild 12:
Schema einer Micro-Drop®-Löschanlage mit zwei Löschsektionen
Quelle: Total Walther, Minimax u.a

Bild 13:
Probeschäumung an einem Flüssigkeitslagertank
Quelle: Total Walther, u.a

Bild 14:
Schaumausbreitung bei einem Flüssigkeitsbrand in einem Lagertank
Quelle: Total Walther, u.a

Bild 15:
Probeschäumung in einem simulierten Gefahrstofflager
Quelle: Total Walther, u.a

Bild 16:
Schaumlöschanlage schützen Raffinerien und chemische Betriebe
Quelle: Total Walther, u.a

Bild 17:
Beispiel einer CO_2-Niederdruck-Löschanlage
Quelle: Total Walther, u.a

Bild 18:
Probeflutung eines Walzgerüstes in der Stahlindustrie mit CO2
Quelle: Total Walther, u.a

Bild 19:
Schematischer Aufbau einer Löschanlage mit Energen als Inertgasgemisch
Quelle: Total Walther, u.a

Bild 20:
Systemaufbau einer Pulver-Feuerlöschanlage in der Praxis
Quelle: Total Walther, u.a

Bild 21
Pulver-Feuerlöschanlage
in einem Gefahrstofflager
Quelle: Total Walther, u.a

Bild 22:
Behälterschutz mit einer HRD (High-Rate-Discharge)-Explosionsunterdrückungsanlage einschließlich
Druckgas-Löschmittelbehältern,
Quelle: Total Walther, u.a

Bild 23:
Wirkungsweise einer Explosions-Unterdrückungseinrichtung in HRD-Technik,
Quelle: Total Walther, u.a.

Bild 24:
Brandmeldeanlagen
Quelle: Internetrecherche, Feuerwehr.at

Bild 25:
Brandmelder anno 1894
Quelle: Internet-Recherche, Feuerwehr.at

Bild 26:
Brandmelder
Internet-Recherche Fa. Schnack

Bild 27:
Autom. Brandmelder,
Quelle: Internet-Recherche, Esser u.a.

Bild 28:
Brandkenngrößen;
Quelle: Internet-Recherche, Esser u.a

Bild 29:
Brandmelder
Quelle: Internet-Recherche

Bild 30:
Rauchmelder,
Quelle. Internet-Recherche, Esser u.a

Bild 31:
Rauchmelder im Normalzustand;
Quelle: Internet-Recherche, Esser u.a.

Bild 32:
Rauchmelder im Alarmzustand
Quelle: Internet-Recherche, Esser u.a

Bild 33:
Schemaskizze zur Funktionsweise eines Ionisations-Rauchmelders
Quelle: Internet-Recherche, Esser u.a

Bild 34:
IR-Flammenmelder,
Quelle: Internet-Recherche, Esser u.a.

Bild 35:
Aufbau Brandmeldeanlage;
Quelle: Internet-Recherche, Feuerwehr.at

Bild 36
Quelle: Internet-Recherche Feuerwehr.at

Bild 37
Quelle: Internet-Recherche Feuerwehr.at

Bild 38:
Quelle: FVLR Detmold

Bild 39:
Quelle: Internet-Recherche Feuerwehr.at

Bild 40:
Doppelklappe
Quelle: FVLR Detmold

Bild 41:
Lichtkuppel
Quelle: FVLR Detmold

Bild 42:
Jalousieklappen
Quelle: FVLR Detmold

Bild43:
Quelle: FVLR Detmold

Bild 44:
Beispiele von Rauchschürzen
Quelle: FVLR Dortmund

Bild 45:
Beispiele von Rauchschürzen
Quelle: FVLR Detmold

Bild 46:
Verschiedene Zuluftöffnungen für die Rauch- und Wärmeabzugsanlagen;
Quelle: FVLR Detmold

Bild 47:
Quelle: FVLR Detmold

Bild 48:
Quelle: Internet-Recherche
Feuerwehr.at

Bild 49:
Quelle: FVLR Detmold

Bild 50:
Quelle: Internet-Recherche Feuerwehr.at

Bild 51.
Quelle: FVLR Detmold

Bild 52:
Anlagenschema pneumatische Anlage
Quelle: Internet-Recherche Feuerwehr.at

Bild 53:
Quelle: Internet-Recherche Feuerwehr.at

Bild 54:
Quelle: TraffGO-ht.com

Bild 55:
Quelle: Internet-Recherche Feuerwehr.at

Bild 56:
Quelle: Internet-Recherche Feuerwehr.at

Bild 57:
RDA-Anlage
Quelle: Internet-Recherche Feuerwehr.at

Bild 58:
Quelle: FVLR Detmold

Bild 59:
Quelle: FVLR Detmold

Bild 60:
Quelle: FVLR Detmold